湛庐文化
Cheers Publishing
a mindstyle business
与思想有关

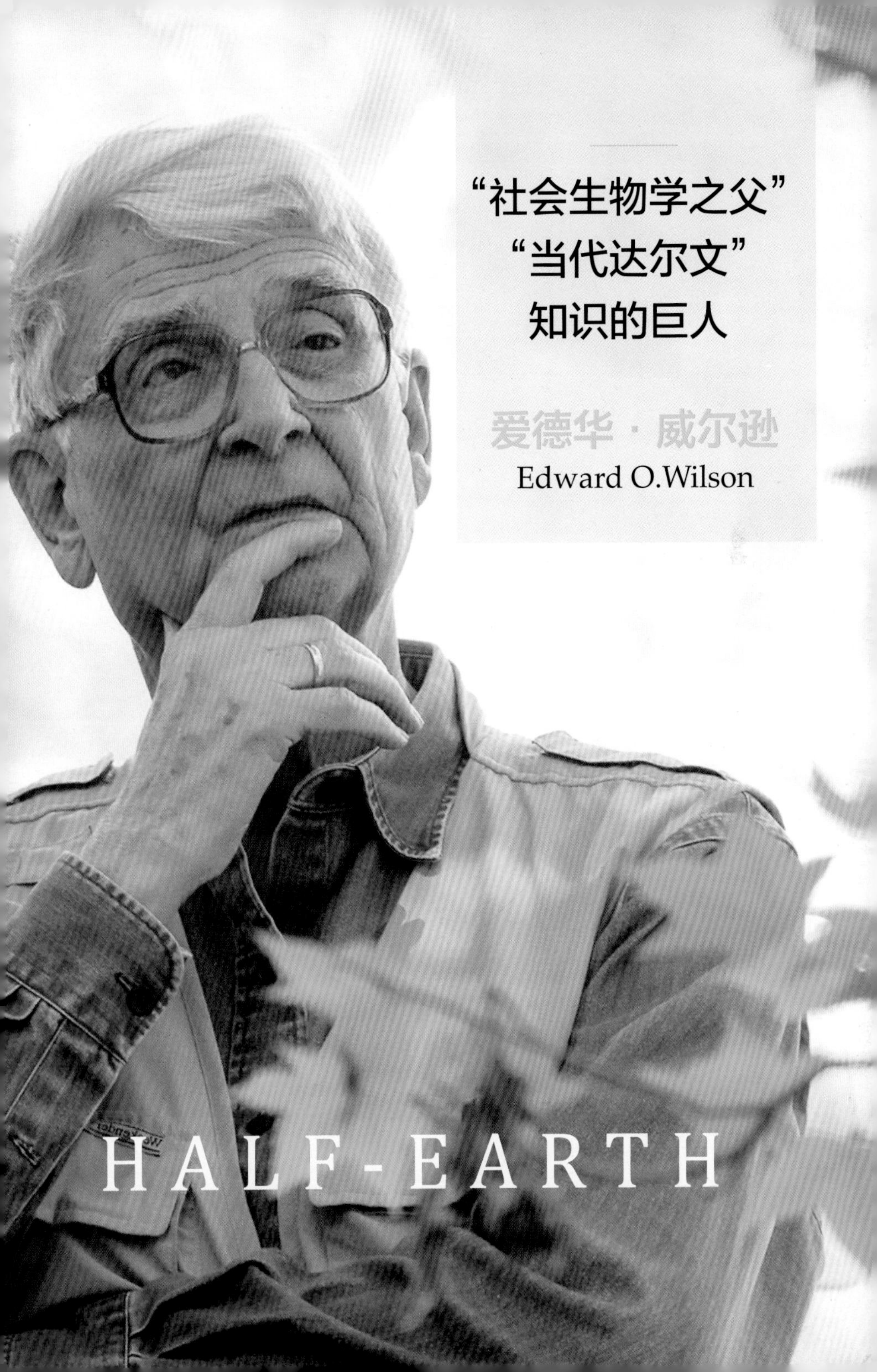

“社会生物学之父”
“当代达尔文”
知识的巨人
爱德华·威尔逊
Edward O.Wilson
HALF-EARTH

社会生物学之父：
从玩蚂蚁的男孩到蚂蚁研究权威

爱德华·威尔逊出生于1929年，是当今生物学界当之无愧的翘楚，被誉为“社会生物学之父”。威尔逊在众多领域成就卓越，如果非要给他贴个标签的话，除了“进化生物学家”之外，“终身博物学者”、“多产作家”、“倾尽心血的教育家”或者“高调的公共知识分子”大概也同样适用。在这一切广泛而深刻的贡献之中，威尔逊的名声和成就都是建立在他对蚂蚁的研究之上的。威尔逊从6岁开始“玩蚂蚁”，从事蚂蚁研究60余年，其关于蚂蚁通信和蚁群社会结构的相关发现，奠定了他蚂蚁研究的权威地位。从蚂蚁研究到构建社会生物学体系，威尔逊感兴趣的“不仅仅是蚂蚁本身”。

如今，年过八旬的威尔逊见到蚂蚁，依旧像个小男孩一样天真。他会从花园的小路上捡起一只蚂蚁，念出它的拉丁文学名。蚂蚁已经融入威尔逊的生活之中，是其传奇人生的一部分。

当代达尔文：争议引发的“冰水事件”

威尔逊著作等身，文风卓然，两度获得普利策奖。20 世纪 70 年代，威尔逊写了三本里程碑式的著作，详尽阐述了他的社会生物学观点：《社会生物学》、《论人的本性》以及《昆虫的社会》。这三本书中贯穿始终的观点是：基因不但决定了我们的生物形态，还帮助塑造了我们的本能，包括我们的社会性和很多其他个体特性。这些主张招致了大量激烈的批评，社会科学的每一个领域都没缺席，甚至还包括进化生物学界的一些著名专家。从1975年至今，威尔逊的社会生物学理论一直在西方进化生物学界有着巨大争议。有人将其描述为“一场科学群架”。

在1978年美国科学促进会于华盛顿举行的年度会议上，威尔逊准备发表演讲时遭到了反种族主义示威者的冲击，有一位年轻妇女把一罐冰水倒在了他头上，其他示威者则齐声高喊：“威尔逊，你湿透了！”这句美国俚语的含意是：“你非常不受欢迎！”威尔逊自己后来不失风度地把这次事件称为“冰水事件”。据说这是近代美国史上科学家仅仅因为表达某个理念而遭到身体攻击的唯一一宗案例。

知识的巨人：从社会生物学到知识大融通

晚年的威尔逊致力于“知识大融通”。他提出的理论，从分子遗传学、生态学、人类学到认知科学，无所不包。在他的里程碑式三部曲中，威尔逊提出了一个理论来回答他心目中“生物学最大的未解之谜”——为什么生命历史上会有二三十种生物达成了伟大突破，建立起高度复杂的社会形态。在他看来，真社会性物种“绝对是生命历史上最为成功的物种”。人类当然算得上成功，毕竟人类已经彻底改变了环境，占据了独特的地位。不过要是按照其他一些标准，蚂蚁可能要更加成功。

The Meaning of Human Existence

人类存在的意义

社会进化的源动力

[美] 爱德华·威尔逊（Edward O. Wilson）◎著

钱静 魏薇◎译

你对我们生存的世界了解多少？

追寻人类存在的意义，首要前提就是我们要对自己赖以为生的世界有所了解。以下选择题包括单项选择与多项选择两种，请选出你认为最合适的选项吧!

1. 人类拥有多少年的文明史？(　　)

   A. 3 000 年　　B. 4 000 年

   C. 5 000 年　　D. 6 000 年

2. 你知道当代人类掌握的科学知识的增长速度是多少吗？(　　)

   A. 每 5 年翻一番

   B. 每 10 年到 20 年翻一番

   C. 每 25 年到 30 年翻一番

   D. 每 50 年翻一番

3. 人类所掌握的所有知识都可以划归为两大类，分别是(　　)。

   A. 理性科学　　B. 感性科学

   C. 自然科学　　D. 人文科学

4. 启蒙运动带来的主要的思想潮流有哪些？（　　）

A. 三权分立　　B. 人的王国

C.《论法的精神》　　D.《君主论》

5. 人类当前发现和记录的地球植物种类有多少？（　　）

A. 273 000 种　　B. 354 000 种

C. 421 000 种　　D. 500 000 种

6. 下列哪个事件标志着达尔文生物进化论的诞生？（　　）

A. 1842 年写作的《物种起源》的提纲

B. 1859 年《物种起源》的出版

C. 1871 年《人类的由来及性选择》的出版

D. 1872 年《人类和动物的表情》的出版

7. 在威尔逊看来，外星智慧生命可能具备以下哪些特点？（　　）

A. 是陆生生物

B. 体型相对较大

C. 可以理解面部表情或肢体动作

D. 缺乏视听功能

8. 以下哪种方法是生物学家常用的物种分类法？（　　）

A. 自然分类法　　B. 林奈分类法

C. 化学分类法　　D. 数量分类法

9. 当代科学家发现和为物种命名的速度是多少？（　　）

A. 每年 10 万种　　B. 每年 20 万种

C. 每年 30 万种　　D. 每年 40 万种

10. 以下哪些是造成物种灭绝最主要的威胁因素？（　　）

A. 物种入侵

B. 污染

C. 人口爆炸

D. 过度捕杀

11. 人类祖先选择的理想的栖息地具有哪些特征？（　　）

A. 居高临下　　B. 靠近水源地

C. 可以俯瞰周围绿地　　D. 地形狭窄，便于防御

想要知道人类存在的终极意义吗？

人类真的是地球的主宰者吗?

扫码获取“湛庐阅读”APP，

搜索“人类存在的意义”查看测试题答案！

THE MEANING OF
HUMAN EXISTENCE

目　录

测试题　**你对我们生存的世界了解多少？**　/ I

第一部分

我们存在的理由　/001

01　何谓“意义”　/003
02　解开人类之谜　/011
03　我们的内心冲突　/023

第二部分

知识大融通　/033

04　新启蒙运动　/035
05　人文科学的重要性　/051
06　社会演变的驱动力　/059

第三部分

人类之外的世界 /075

07 迷失于信息素世界 /077
08 超个体 /091
09 为何微生物统治了宇宙 /101
10 外星人的肖像 /111
11 生物多样性的崩塌 /125

第四部分

心灵的幻像 /137

12 本 能 /139
13 宗 教 /151
14 自由意志 /163

第五部分

人类的未来 /177

15 在宇宙中孤独并自由着 /179

附 录 **广义适合度理论的缺陷** /195

译者后记 /209

THE

MEANING OF

HUMAN EXISTENCE

第一部分

我们存在的理由

没有史前史就没有历史，没有生物就没有史前史。随着有关史前史以及生物学知识的日益增多，我们更加聚焦于人性起源的问题以及人类存在的意义。

01

何谓“意义”

THE MEANING OF HUMAN EXISTENCE

Does humanity have a special place in the Universe ?

人类在宇宙中有没有特殊的地位?

人类在宇宙中有没有特殊的地位？生命存在的意义是什么？我认为人类之所以会提出这样的问题，是因为我们自以为对宇宙、对人类已经足够了解，并且期望得到确切、可验证的答案。我们的眼睛可以穿越黑暗，看透迷雾，正如使徒保罗所预言的那样，“我虽身处其中，但可窥看全局。世间奥秘，了然于胸”。然而，人类在宇宙中的地位和存在的意义，并未如保罗所预言的那样大白于世，甚至从未有人真正知晓答案，那么，人类的地位、生命的意义到底是什么呢？关于这个问题，不妨让我们一同探讨，梳理其中的“因”与“果”。

我将带领诸位开启一场旅行，去探寻问题的答案。首先，我们将探寻人类的起源，思考人类先祖在生物界的地位，这个问题最初是我在另一本书《地球的社会征服》（*The Social Conquest of Earth*）中致力解决的。接着，随着我们的视角从自然科学转向人文科学并再次回转，问题随之而来：我们将何去何从？而最难以回答的是：我们为什么要这样做？

自然科学和社会科学两大分支能否统一呢？我觉得是时候考虑这种可能性了，并且我相信统一的时代已经到来。人文科学是否乐意接受自然科学，使它成为自身的一部分呢？或者，我们能否通过人为的帮助促成这一结果呢？如果科幻小说不再存在，取而代之的是符合科学原理的多彩新世界，独立个体对虚幻世界的无限想象被世间众人对现实世界的真实描述取代，又会如何？或许，诗人和视觉艺术家将超越寻常世界的所见所闻，去探寻那些无人知晓的新大陆，去寻找世界未知的维度、深度和意义。他们会对尼采在《人性的，太人性的》(*Human, All to Human*)中提到的知识和想象力边缘的、如瑰丽彩虹般绚烂的真相感兴趣吗？ 在这里，我们将找到意义所在。

通常来讲，"意义"含有"目的"的意味，而目的之中必有构思，有了构思必能找到构思之人。事实上，任何存在实体、任何过程、任何单词的定义，都是构思之人有意为之，体现着他们的目的。这是组织化宗教的哲学世界观的核心，在他们宣扬的创世故事中体现得尤为明显。宗教的世界观认为，人类生而有意义，每个个体都有生存在地球上的理由，大到人类整体，小到每个人的生息都存在意义。

“意义”还有另一个更广泛的含义，昭示着另一种截然不同的世界观。它认为意义生发于历史的偶然，而不是有意为之，也不存在预先设计，自然世界的生生不息形成了错综复杂、互相重叠的网络，意义就诞生于其中。例如，在有机体的进化过程中，由于自然选择使得某种性状的产生更适应环境，那么，在随后的进化过程中，也会有特定的被选择的性状产生，并且这种选择受到之前选择结果的影响。因为它阐释了人类和其他有机体的生命，所以从这个角度来看待“意义”的概念，就是自然科学的世界观。

无论是浩瀚宇宙，还是人类社会，社会现状都是社会进化的结果，在进化过程中还存在无数种可能的社会进化结果，那么，是否有另一种更具包容性的意义存在于进化过程中呢？在生命历史早期，随着生命体的复杂化和更多生命过程的出现，生命体的行为变得更加相似，以便实现刻意改进的意义。最早期的多细胞生物首先进化出了感觉和神经系统，然后是脑组织的出现，直至最后行为完全受意识的支配。比如蜘蛛生来就会织网捕虫，不论它是否明白这样做的结果如何，那就是网的意义。人类大脑的进化遵从与蜘蛛网同样的法则。最初，人类做出的每一个决定都有一种主观故意感。但是，当考虑到人类所拥有的做出决定的能力，以及形成这种能力的过程、原因和后果，这就涉及更加广泛的、以科学为基础的人类存在的意义。

在人类有了做出决定的能力后，也必然有能力设想关于未来的种种可能性，并据此进行规划和选择。这种想象力是人类独有的，而如何灵活运用这种能力依赖于我们自我认知的准确性。至于最关乎人类生存意义的问题，则依赖于我们对未来种种可能性的设想。

自从上帝阻止了亚伯拉罕杀死自己的儿子，科学和技术的进步就给我们带来了最严重的道德困境：人类将在多大程度上改变人类基因？是大幅改动、稍作修饰，还是保持原状？我们必须做出选择，因为人类作为一个物种已经开始在科学技术领域跨越界线，一条至关重要但是仍然没有被界定的界线。为了让我们自身可以主导人类进化，我们即将违背自然选择，即创造了人类的进化过程，而选择以人类意志为转移的进化方式。这也是一种重新设计人类生物性状和天性的进化方式。在这种进化方式中，一切都会按照我们所希望的那样进行。在自然选择中，在环境力量的作用下，一些基因，如更加精确的等位基因（allele）[①]、同种基因中基因编码的多样性等，将会比其他基因更加常见，而被保留下来的大多数基因是人类不能控制甚至不能理解的。但是，在新的进化方式下，这种现象将不会再发生了，因为基因和它们控制的性状可以被人类选择。比如，更

① 等位基因又称对偶基因，是一些占据染色体基因座的可以复制的脱氧核糖核酸。——编者注

长的寿命、更大容量的记忆、更好的视力、更少的暴力行为、更优秀的运动能力，以及令人愉悦的体味等，很显然，这份基因购物单将会一直被列举下去，永无止境。

在生物学中，“如何”和“为什么”的解释指的是生活过程中的“直接”和“最终”的因果关系。举一个直接因果关系的例子，我们有两只手和10个手指，可以用它们来做各种各样的事情，这就是手和手指存在的直接原因。而最终原因解释了我们在最开始为什么拥有两只手和10个手指，以及我们为什么习惯使用手和手指而不是其他部位去做各种事情。直接原因主要解释为什么特定的解剖结构和情绪会天生固定地参与某些活动；最终解释主要回答一个问题，那就是为什么是这些固定结构和情感参与其中，而不是其他的部位和情绪。为了解释人类的状况以便给出人类存在的意义，我们需要这两种层面的原因解释。

在接下来的篇章中，我将会关注后者，即人类物种更广泛的意义。我认为，人类通过在进化过程中一系列事件的积累，完全依靠自己的力量崛起了。我们并非命中注定要达成任何目标，除了我们自身之外，我们不需要去回应任何力量的召唤。只有基于充分自我认知的智慧才能拯救我们，而非虔诚之心。除了我们所拥有的，上苍将不会赐予我们救赎，也不会给我们第二次机会，而这个星球依然亟待我们去探索。为了将这一步写入我们的征程，为了揭示人类的生存状况，我们需要为“历史”给出一个比传统认知更为宽泛的定义。

02

解开人类之谜

THE

MEANING OF

HUMAN EXISTENCE

What brought a single primate line to the rare level of eusociality ?

是什么将单一的灵长类生物进化引向了罕见的真社会性进化呢?

为了更加准确地了解人类当前的生存状况，我们需要去了解物种的生物进化过程，以及引发该物种在史前进化的环境生态。理解人类的任务是如此重要，同时也如此艰巨，所以我们不能抛开人类的独特性去思考这个问题。人类的独特性体现在很多方面，从哲学、法律到历史、艺术创作，所有这些都是对人类独特性的描述，说明了人类在无止境的历史进程中的进化和发展。尽管人类的独特性以基因为基础，细节极其精致，但它们并没有解释为什么我们会拥有这些特性，而不是其他特性，我们为什么没有成为其他物种。从这个意义上来讲，我们需要对人类作为物种的存在意义有一个综合的认识。

因此，我们最多能够回答的仅仅是，人类是什么。解开这个伟大谜题的可能，就藏在创造出我们这一物种的环境和进化过程之中。人类的现状是历史的产物，不仅仅是6 000年的人类文明史，而且包括更久远的几万年前的历史。在历史的长河中，为了找到谜底，我们必须将生物进化和文明发展高度结合，两者相辅相成、缺一不可。纵观人类的发展历程，如果要想揭示人类是如何以及为什么出现，然后又繁衍生息的，人类历史是其中的关键。

大多数人喜欢将历史解释为一种超自然力量呈现给人们的设计之作，认为我们应该对造物者心怀感激。但是随着人类对真实世界认识的扩展，这种自我安慰性质的解释渐渐不再被人们推崇。据大多数科学家和科学期刊测算，人类掌握的科学知识正在以每10年到20年翻一倍的速度增长。在过去的传统解释中，带有宗教性质的创世故事总是与人类起源相联系，以便赋予人类存在以意义。而处在现在的节点，是时候通过科学与人类的关系推翻之前的答案了；是时候考虑科学对人类意味着什么，人类对科学又意味着什么了；是时候去解开人类存在的伟大谜题，去探寻关于人类存在意义的更加统一确定的答案了。

生物学家发现，人类具有的高级社会行为的生物学起源，与动物群体在其他地方产生的社会行为的起源是相似的。通过对从昆虫到哺乳动物的上千种动物物种的比较学研究，我们可以得出这样的结论，最复杂的社会是从真社会性动物[1]中进化而来的，通俗来讲，真社会性就是真实的社会情境。根据定义，在完全社会性的群体中，成员之间互相合作养育后代，群体中的成熟个体可分为两个以上的世代。它们也存在劳动分工，这种分工是通过许多繁殖能力低的个体自动放弃繁殖机会实现的，目的是给那些繁殖成功率高的个体更多机会去提高群体的繁殖率。

真社会性在许多方面凸显出了独特性，甚至会让人感到古怪，其中一方面就是它的存在极度罕见。在过去的40多亿年中，地球上进化出了成千上万个物种，在所有的进化历程中，到目前为止我们可以确定的“真社会性”动物只有19种，分散在昆虫、海洋甲壳类动物和地下啮齿类动物中。如果将人类考虑在内，那么总数就是20。由于取样误差，这个数字很有可能是被低估的，但有一点我们可以确定，在所有的生物中，真社会性物种的数量非常少。

另外，已知的真社会性物种在生物进化的历史中出现得非常晚。在距今2.5亿~3.5亿年的古生代，没有任何迹象表明真社会性物种曾经出现过，而在那时，昆虫的物种多样性已经

① 真社会性动物是指一种在生物的阶层性分类中，具有高度社会化组织的动物。——编者注

基本形成，昆虫种类已经接近今天存在的昆虫种类。在距今 1.5 亿 ~ 2 亿年前的中生代，直到发现了白蚁以及蚂蚁的进化证据，人们才找到了真社会性动物出现的证据。在经历了大约 1 亿年的灵长类动物的进化历程之后，真正可以称之为人类的我们的祖先在最近的几百万年中才开始出现。

真社会性一旦形成，它所具有的高级社会行为就可以帮助生物在生态上占据很大优势。在已知的 19 种具有真社会性的生物中，只有两种是昆虫——白蚁和蚂蚁，它们在全球大陆上的无脊椎动物中占据着主导地位，虽然它们在已发现的数以百万计的昆虫种类中只有不足两万种，但是世界上所有白蚁和蚂蚁的总重量占全世界昆虫体重总和的一半还要多。

同时，真社会性的历史发展也提出了一个问题：既然真社会性可以赋予物种巨大的生存优势，为什么这种高级的社会行为组织形式十分罕见，并且需要极长的时间才能形成？答案就在于，在真社会性习得的最后一步发生之前，需要出现初级进化所引发的某些变化，而这些变化还要依循特殊的顺序。通过分析发现，在所有已知的真社会性动物中，真社会性形成之前的最后一步是构筑安全的巢穴。动物可以从巢穴中外出觅食，在巢穴中养育幼崽直至它们发育成熟。最初，筑巢者可能是一只孤单的雌性、一对动物配偶，或者是一个组织松散的群体。

当进化初期的最后一步完成后，构成真社会性所需要的一切才能完备：供亲代和子代所栖息的巢穴和成员之间互相分工养育后代的生活方式。接下来，这种原始的组合很容易就会划分为敢于冒险的觅食者和倾向于规避风险的父母以及看护者。

那么，是什么将单一的灵长类生物进化引向了罕见的真社会性进化呢？古生物学家并没有发现当初的进化环境有什么特殊之处。大约在 200 万年前，在非洲生活的一种南方古猿发生了明显的食性改变，由原本的素食转向了主要靠肉食为生。这群南方古猿为了得到高热量且来源分布广泛的肉类，不再像今天的黑猩猩和倭黑猩猩一样，以无组织的群体方式四处漫游，而是构筑起了营地，也就是巢穴。让专门的狩猎者外出狩猎，并带回捕获的肉类与其他人共享，这样做无疑更有效率。作为回报，狩猎者可以在营地中获得保护，它们的后代也可以居住在营地里安全长大。

通过对现代人类的研究，包括狩猎采集者，他们的生活方式给我们提供了很多人类起源的信息。社会心理学家得出推论认为，随着捕猎和筑巢行为的出现，人类的智力发育随之开始。同时为了适应成员之间的竞争和合作，人际关系中出现了奖赏行为，这个过程永远充满动力并且需要付出很多努力。在强度上，奖赏行为远远超过了之前在松散的动物社会组织中与之相似的内容。人们需要足够强大的记忆力去揣测其他成员的意图，同时也要预测他们下一秒钟的反应，并且，最具决定性意义的一点是，人们需要构想并在内心预演在将来可能出现的竞争场面。

开始定居生活的类人猿所拥有的社会智能，就像一盘永不停滞的象棋般演变、进化，直至今天。在进化过程的“终点”，我们巨大而活跃的记忆储存库可以非常顺畅地将过去、现在和未来联结为一个整体，有能力评估各种后果，包括联盟、亲近、性接触、竞争、控制、欺骗、忠诚和背叛。我们对不计其数的有关其他人的故事有着发自内心的喜爱，还乐于装扮成演员在自己心中的舞台上演绎属于自己的故事。这一点在艺术创作、政治理论和其他一些人类进行的高水平活动中得到了最好的表达，这些活动也被称为人文科学。

漫长的创造故事的决定性部分开始于200万年前的原始能人（homo habilis），或是其他与之非常相似的物种。在能人出现之前，类人猿还与动物无异，基本上以素食为主。虽然它们的身体与人类相似，但是类人猿的脑容量与猩猩的脑容量相似：小于等于600立方厘米。在能人阶段，人类的脑容量急剧上升，原始能人的脑容量达到680立方厘米，直立人的脑容量有900立方厘米，在智人阶段达到约1 400立方厘米。纵观生命历程，大脑的生长可谓是复杂的生物组织进化中最迅速的事情之一。

较大的脑容量赋予了现代人类以无限潜能，如果要对这些潜能做出全面的解释，仅仅探究灵长类动物的合作行为是不够的。进化生物学家还研究了先进的社会进化中最重要的因素：外力和环境的结合给予了拥有高级社会技能的有机体更长的寿命和更高的繁殖成功率。学者们针对这两股主要影响力提出了两种不同的理论，两派之间长期争论不休。第一个是亲缘选择假说[①]：个体对旁系亲属持偏好态度，但不包括父母、后代在内，这样就使得利他者更容易在相同的群体中进化。当群体成员在传递给下一代的基因数量上获益（获益和损失是针对个体的行为对群体的平均水平而言），而不是从他们的利他者那里遭受损失时，复杂的社会行为就会在这一过程中得到进化。这种对生存和个体繁殖的联合影响被称为广义适合度，利用广义适合度对进化的解释被称为“广义适合度理论”。

第二个理论，也是近来才被承认的理论（我是该理论现代版本的提出者之一），认为进化的最重要因素是多层次选择。这个构想提出了自然选择作用的两个层次：一是基于同一群体内竞争与合作的个体选择，二是基于群体间竞争与合作的群体选择。当群体间发生暴力冲突，或者是在寻找、获得新资源产生

① 由汉密尔顿于 1964 年提出，又称汉密尔顿法则，主要内容为亲缘关系越近，动物彼此合作的倾向和利他行为也就越强烈；亲缘关系越远，则表现越弱。——编者注

竞争时，群体间选择就会发生。多层次选择假说正在逐渐获得进化生物学家的认可，因为近期人们用数学方法证明了亲缘选择假说只能在曾经存在的特定情况下起作用。同时，多层次选择理论可以很容易对已知的、具有真社会性进化历程的物种做出解释，而亲缘选择理论即使在假设看似合理时，也不能够对生物进化做出完美的解释，甚至根本不适用（我将在第 6 章详细解释这个重要的概念）。

个体选择和群体选择在人类社会行为中扮演的角色有着详细而明确的区分。人们对周围人行为的一举一动有着强烈的兴趣，正如流言蜚语是对话中最吸引人的部分，从狩猎采集者营地到皇家宫廷剧院，流言无处不在。人们的思想就像一幅千变万化的地图，群体中的成员也许会将一部分群体外的成员都包含在地图中，其中的每一个人都会被给予情感上的评价，比如信任、喜爱、憎恨、怀疑、赞美、嫉妒或是善于交际。

我们总是会不由自主地被划入某个群体，或是因为实际需要而组建一个群体，这些群体有着不同的嵌套方式，有可能交叉重叠或是彼此分离，群体规模也大小不一。几乎所有的群体都会和与自己相似的群体在某些行为方式或其他方面存在竞争。然而，从我们的表达方式和我们说话的语气大致可以看出，我们倾向于认为自己所处的群体是最优越的，并认为自己是其中一员。竞争的存在，比如军事冲突，已经成为社会的标志，人类学中发现的史前证据已经证明了这一点。

随着能人生物器官的主要特征成为研究者关注的焦点，这些主要特征使得自然科学和人文科学之间潜在的丰富联系被逐渐揭开。随之而来的学术界两大学科的汇合无疑将产生重大影响，尤其是当足够多的人开始彻底思考两者的潜在联系时。就自然科学而言，比如基因学、脑科学、进化生物学和古生物学，它们中的每一个都有着不同于其他学科的独特视角。学生们将会同时学习史前史和传统历史，而这一整体将以恰当的方式，作为生命世界的壮丽史诗展现在学生面前。

人们在自豪感与人文科学之间找到了不错的平衡点，我们对自身在自然界中的地位的认识是这样的：我们相信人类是生物圈中高贵的存在，并对此深信不疑，因为我们的灵魂深怀敬畏，在憧憬美好时甚至会呼吸加速。但是我们仍然是地球生物圈的一部分，在情感上、机体上还有久远的历史上与之紧密相连。

也许人类的存在比我们想象的更加简单，这里没有命中注定之事，没有难以理解的生命谜题，上帝和恶魔不会为了争取我们的忠诚针锋相对。相反，我们只是适应生物界生存法则的一个生物物种，我们是独立的、孤独的、自力更生的，同时也是脆弱的。对于长久生存来说，成熟的智力和自我认知才是最重要的，这里的智力和自我认知是以比我们现有的最发达的民主社会更加独立的思想为基础的。

03

我们的内心冲突

THE

MEANING OF

HUMAN EXISTENCE

Are human beings intrinsically good but corruptible by the forces of evil, or the reverse, innately sinful yet redeemable by the forces of good ?

人的天性是什么?
是生而本善却被邪恶的力量侵染,
还是生而本恶却为善良的力量所感化?

人的天性是什么？是生而本善却被邪恶的力量侵染，还是生而本恶却为善良的力量所感化？人为什么要生活在群体之中？是我们将自己的生命与群体以契约相连，即使有生命危险也不畏惧，还是仅仅为了建造一个属于自己和家人的庇护所？过去 20 年中积累的科学证据表明，我们是这些完全对立的事情的联合体，也就是说，人生来就是矛盾的。比如我们应该在团队中选择成为团队成员还是告密者？处理自己的财产时是选择慈善捐款还是留作个人积蓄？当违反交通规则时是承认交通违章行为还是否认？

我认为自己不能轻易放过这个问题，坦白说，我也有过多次如此矛盾的情感经历。当卡尔·萨根（Carl Sagan）在 1978 年获得了普利策奖中的非文学类奖项时，我十分不屑，认为那不过是一个科学家最卑微的成就，根本不值得炫耀。但是在下一年，当我得到了同样的奖项时，它在我心中奇迹般地成了一个科学家应该给予特别关注的重量级文学奖。

我们都是基因嵌合体，也许也都曾是圣徒或罪人，曾是真理的拥护者或是伪君子，而这不是因为我们不能够满足宗教的期待、理想的要求，而是人类的行为方式是我们作为一个物种在亿万年的生物进化中所形成的。

当然，我并不是说人类是被动物本性所驱使的，但是为了理解人类的境况，我们有必要承认自己体内存在天性，承认天性在人类祖先的生存中是必须被细致考虑的因素，但仅仅通过历史是无法达到这个理解水平的，因为它在人类拥有读写能力的初始阶段就消失了，剩余的探索工作只能交由考古学家来完成。若要探究更久远的年代所发生的故事，探究者的角色则需要是古生物学家。我们要认识到，真正的人类历史，必须是生物学和社会文化共同构成的有机整体。

对生物学而言，推动史前人类的社会行为向人类水平发展的动力才是揭开真相的关键。多层次选择很有可能就是这种主导力量，通过多层次选择，有等级的社会行为不仅提高了个体的竞争力，也提高了作为一个整体的群体竞争力。

值得注意的是，在有机体的进化过程中，自然选择的作用对象不是单个生物体或是某一群落，许多知名科学家常在这一点上犯错误。自然选择真正的作用对象是基因，更准确的说是等位基因，或是拥有相同基因的分裂体。自然选择的直接作用对象是性状，性状受到基因的精确调控。性状属于个体所有，在个体进行种内竞争或种间竞争时，有利的性状得以保留，不利的性状遭到淘汰，自然选择由此发生。

自然选择对性状的作用也会通过个体与种群内其他成员相互作用（比如交流与合作），在进行种间竞争时完成。如果一个种群内部的个体之间缺少合作与交流，那么它们的群体竞争力将被逐渐削弱，失败者的基因传给下一代的机会也会大大减少。在具有精细等级制度的动物种群中，比如蚂蚁、白蚁和其他社会性昆虫，种群选择的结果很容易看出来，这种结果在人类社会中也有相同的表现。种间选择理论认为，选择的力量在作用于个体的同时也作用于种群，但这个观点并不是新近提出来的，达尔文就曾两次正确推断出了种间选择所扮演的角色，第一次是在昆虫界，第二次是在人类社会，我们可以在《物种起源》和《人类的演化》中看到相应内容。

在经过多年的研究后，我坚信在群体与群体之间相互竞争的情况下，多层次选择理论是包括人类在内的动物发展出高级社会行为的主要力量。事实上，这类经由群体选择进化而来的行为，已经根深蒂固地成为现代人类特质的一部分，以至于我们认为它们就像空气和水一样，本就天然存在。然而，它们其实是人类物种特有的性状，其中一项就是我们对他人抱有强烈甚至是偏执的兴趣，这种兴趣在生命伊始，甚至是在婴儿第一次听到和闻到周围成人的特殊声音和气味时就萌发了。

心理学家发现，几乎所有的正常人在解读他人的意图上都拥有天赋。通过理解他人意图，人们可以对其他人进行评价，改变他们的想法，建立联系或是进行合作，当然也包括八卦，甚至是控制他人。每个人都会在自己的社交圈子里来回游走，在设想未来可能出现的场景的后果时，他们会一直参照过去的经验。这种社会智能出现在许多社会性动物中，并且在倭黑猩猩和黑猩猩中达到了最高水平，这两种生物也是在进化中与人类亲缘关系最近的。

人类行为的另一个遗传特质是对最初归属的集体有着强烈的本能性冲动，这一现象也存在于大部分的社会性动物中。如果被强制性地孤立于群体之外，个体会陷入长久的痛苦中，并有可能走上疯狂之路。一个人在群体中的身份，比如在他所属的部族中拥有的地位，是他个性中很重要的组成部分，在一定程度上这也给成员以优越感。心理学家曾做过这样一个实验，他们随机地将一定数量的志愿者分为两组，在两队之间进行简单的小游戏比赛。研究结果发现，每组成员都觉得另一组的成员能力更差并且不值得信任，即使他们知道分组是随机的也依然如此认为。

当所有条件都相同（幸运的是大多数情况下并非如此）时，人们更喜欢与自己长得像的人，说同样方言和拥有共同信仰的人亲近。如果这种倾向过度发展，就会很容易形成种族主义和宗教上的偏见，这时，即使是好人也有可能做坏事。20 世纪 30 年代到 40 年代在美国南部诸州的生活经历，使我对这个事实有着清晰的认识。

有这样一种观点认为，人类是如此的与众不同，并且在地球的生命历史中姗姗来迟，因此有可能是某种神祇所创造出来的。但是正如我所强调的，以批判的眼光来看，人类发展出来的社会行为并不是独一无二的。在我写这本书的时候，生物学家已经确认，在现代生物群中，有 20 种现存的动物都在一定程度的利他分工的基础上习得了高级社会生活模式。这些生物大多数出现在昆虫界，也有一些是海洋中的虾类，还有三种哺乳动物，其中两种是非洲鼹形鼠，剩下的一种就是人类。所有的生物都通过同一模式发展出了高等社会行为：单一的个体、一对配偶，或是一个小群体建筑巢穴，并以此为根据地去外面觅食，将它们的后代抚养长大。

直到 300 万年前，能人的祖先大部分都是素食主义者，过着类似群居游牧的生活，他们以小规模群体的方式从一个地方迁移到另一个水果、植物根茎或是其他蔬菜丰富的地方。他们的大脑容量仅仅比现代大猩猩稍大一点。在距今 50 万年前，古人类中的直立人过着露营生活并且学会了用火，这与筑巢行为同等重要。

通过使用火，直立人可以吃一些肉类食物，他们的大脑容量增长到了中等水平，介于黑猩猩和现代能人之间。这种趋势在 100 万 ~ 200 万年前就已经出现，那时的史前人类祖先能人已经在日常饮食中大量增加了肉类。当大规模的群体聚集在某个地方，拥有了合作筑巢和打猎的优势，加之社会智能的发展和大脑的记忆中心、推理中心——前额叶皮层的成熟，在定居时期个体选择与群体选择的矛盾随之出现。

个体选择理论认为，在同一群体中个体之间的竞争促进了自然选择的发生。群体选择理论则认为，不同群体间的竞争才是推动自然选择的主要力量。群体选择的力量促进了利他主义的产生，加强了群体内所有成员的合作。在群体中，成员自然而然地产生了群体内道德，对群体保持着强烈的责任感和荣誉感。简而言之，群体选择和个体选择的竞争关系可以这样表述：在群体内部，自私的个体战胜了利他的个体，但是在群体之间，利他的群体打败了自私的群体。或者说，个体选择滋生罪恶而群体选择孕育美德，不过这也许有点过于简单化了。

由于史前人类中多层次选择的存在，所以人类永远处于矛盾斗争中。人类被困在两股极端力量中——两股创造人类的极其不稳定并且处于不断变化情境中的力量，我们不能单纯地寄希望于其中任何一种力量，它们中的任何一种都不可能完美地解决人类面临的社会问题和政治骚乱。如果我们完全听从于在个体选择中产生的本能的驱使，我们的社会将是一个分崩离析的社会；反之，如果我们完全屈从于在群体选择中产生的本能，那么我们将变成有着天使般善良的机器人，或是特大号的蚂蚁，完全失去了人类的本质。

这个永恒的冲突不是上帝对人类的考验，也不是撒旦的阴谋诡计，这就是自然运作的方式。冲突可能是人类智力和社会组织得以进化的唯一途径，最终，我们将会找到与我们天生的内心骚动和谐相处的方式，甚至将它看作人类创造力的最初源泉，并在此过程中获得愉悦。

THE

MEANING OF

HUMAN EXISTENCE

第二部分

知识大融通

虽然同属于知识的两大分支，科学与人文在描述人性方面是截然不同的，但两种描述都来自同一个创造性的源泉。

04

新启蒙运动

THE

MEANING OF

HUMAN EXISTENCE

What has the explosive growth of scientific knowledge to do with the humanities ?

科学知识的爆炸式增长和人文学科有什么关系?

04
新启蒙运动

到目前为止，我们已经从生物学的角度考察了人性的起源，以及由这一信息引出的观点：人类的创造性有很大一部分产生于不可避免、必不可少的自然选择层面的个体与群体间的矛盾。这种解释隐含的统一性将带领我们走向下一段旅程。自然科学和人文科学拥有同样的根基，两者最终都可以用自然界的因果法则来解释。这样的解释你或许似曾相识。事实上，西方文化已经走过这条路了，那就是启蒙运动。

整个 17 世纪和 18 世纪，启蒙运动理念统治了西方国际社会，这是当时势不可挡的历史潮流，许多人甚至认为是人类的命运。这段时间接连出现了用科学法则（当时称为自然哲学）解释宇宙和人类的意义的学者。他们认为，科学与人文这两大学习领域的分支，都可以用连续性的因果网络来解释。当所有的知识都以事实与理性为基础，去除所有的迷信成分时，就都可以整合为一个整体，形成伟大的启蒙运动先驱弗兰西斯·培根于 1620 年提出的“人的王国”(the empire of human)。

启蒙运动的主要诉求是：人类完全可以凭借自己的力量知道和了解万事万物，并在理解中获得力量去做出比以前更睿智的选择。

但是在 19 世纪早期，这个梦想被动摇了，培根所描述的王国也随之退却。原因有两个：第一，尽管科学家已经在以指数级速度发现新的事物，但是他们离更为乐观的启蒙运动思想家的期待还相距甚远。第二，这种缺陷使得文学浪漫主义传统的创立者，包括一些最伟大的诗人，拒绝了启蒙运动世界观的假想，而从更原始的方向上找寻意义。科学不能，也永远不会触及人们通过极富创造性的艺术所感受的深度。许多人及其当代的后继者都相信，如果过分依赖科学知识，人类的潜能将很难得到发挥。

在启蒙运动发生后的两个世纪以来，自然科学和人文科学分道扬镳。物理学家不再继续欣赏弦乐弹奏，小说家书写着自然科学所无法揭示的奇迹。但是大多数人都认为，随着这两种文化在 20 世纪中叶逐渐被定义，它们之间在人们的心中将永远存在一道鸿沟，这或许是人类存在的本质。

无论如何，在启蒙运动的黎明来临之前，学界并没有时间去考虑整合这两大学科的问题。为了适应喷涌的信息洪流，科学学科以一种类似细菌繁殖的速率被划分为不同的专业，创意艺术则继续伴随着人类想象力才华横溢的表达而繁荣发展。人们没有兴趣重新点亮被视为古董的东西和无望的哲学诉求。但是启蒙运动从来没有被证明是不可能的。它没有死亡，只是暂时熄灭了。

那么我们现在重新恢复这种诉求还有价值吗？还有可能达到整合这两大学科的目标吗？答案是肯定的，因为相比起它们刚萌发的时候，今天我们已经有了足够多的了解。现代生活中许多问题的解决方法都受制于相互竞争的宗教冲突、道德推理的模棱两可、环境保护主义的根基不足以及人类存在本身的意义。

展开对自然科学和人文科学两者关系的研究，在任何地方都应该成为通识教育的核心，对自然科学和人文科学学生应该一视同仁。当然，实现这个目标并不容易。学术和专家见解的领域之间，存在着可接受的意识形态和程序的巨大分野。西方知识界的生息和发展掌握在一群拥有中坚力量的专业人士手中。比如，在我任教长达 40 年的哈佛大学，新教职人员的主要选拔标准是在某一领域有杰出才能或前途无量。招募开始是在学院招募委员会筛选后推荐给文理学院院长，最后在校内和校外人员组成的特别委员会的协助下由校长决定。这个过程中会问到一些关键问题：“这位候选人在他的专业领域是不是全世界最优秀的？”至于教学就更简单了：“候选人是否能够胜任教师的职责？”选拔遵循的原则是把一群世界级的专家合并为一个精神的超个体，这对学生和财政赞助者都具有十足的吸引力。

一个真正有创意的思想产生的早期阶段，并非产生于各种专业智力的简单拼接。最成功的科学家是像诗人一样，他们的思维辽阔、天马行空，而工作起来就像会计一样严谨细致。而世人只看到他们作为后者的角色。当科学家给科技期刊写报告或者在同行专家会议上发言的时候，他们会避免使用比喻修辞，会注意永远不要因为修辞或者诗句受到谴责。在引言段落和数据展示后面的讨论部分，或者为了解释清楚科技概念的意思，他们可能会使用一些修饰的词藻，但也只是为了煽情。作者的语言必须永远节制并且遵循基于可论证的事实的逻辑。

在诗歌和创意艺术中则是完全相反的情况，修辞即一切。有创造力的作家、作曲家或者视觉艺术家经常通过抽象或故意的扭曲，间接传达他自己的认知以及他希望唤起的情感，创作手法可以针对任何事物，无论是真实的还是虚幻的。他们寻求以一种新颖的方式展示某种真理或者其他有关人类经历的事物。

他们想要直接通过人文体验的渠道，将所创造之物努力直接传递出去，将他们的思想传入你的思想。他们的作品需要通过修辞的美感和力量来评判，他们遵循着毕加索的格言：艺术以谎言的形式向人们展现真实。

创意艺术以及分析它们的很多人文作品尽管手法大胆、形式新颖，有时也会产生惊人的效果，但就某个重要的面向而言，其内容可谓千篇一律，不仅主题相似，所描摹的原型和情感也都如出一辙。然而，身为读者的我们并不介意，因为我们已经习惯于人类中心说，对自己以及与我们类似的人充满了无尽的痴迷。甚至是受过最高等教育的人也在靠着小说、电影、音乐会、体育赛事和各种八卦消息而生活。我们一面在根据自己所熟悉的人性特质来描述其他动物的情感和行为，另一方面又在用可爱的动物漫画来教导我们的孩子认识其他人，当然也包括一些像老虎一样凶猛的动物。

对于自己以及我们认识或想要认识的人而言，人类有着永远无法满足的好奇心。这样的特质早在灵长类动物进化的初期，人类尚未诞生之际就已经形成。举例来说，有科学家研究发现，当笼里的猴子被允许观看外面的物体时，它们第一个注意到的一定是其他猴子。

与地球上的其他动物相比，人类是社会智能方面的天才。在非洲古人类进化成智人之后，他们的大脑皮层日渐发达，社会智能也随之快速增长。人们之所以喜欢谈论流言、崇拜名人、阅读传记小说、战争小说以及观看运动赛事，是因为过去人类如果密切关注他人的动静，就可以提高自身和群体的存活率。我们之所以喜欢故事，是因为这就是我们大脑运作的方式——永不止息地徜徉在过去的场景中并且穿越未来可能的场景。

如果古希腊诸神在天上俯瞰人间，将能够看到我们的过失，就像我们在观看悲剧和喜剧一样。但他们也有可能把我们的缺陷视为自然选择的必然结果，从而同情人类。诸神看待我们的眼光或许就像我们观看小猫嬉戏一样。为了培养未来捕食需要具备的技能，小猫在看到一条晃动的毛线时会采取三类行动，一是悄悄靠近那条毛线，然后突然扑上去，这主要是为了抓住老鼠；二是朝着毛线扑过去并用两只爪子抓住，这是为了抓住小鸟；三是用爪子去捞取脚边的毛线，这是为了抓住小鱼或者其他脚边的猎物。这些动作对于我们来说都很有趣，但是对它们而言，却是在训练自己的生存技能。

为了认识现实世界，科学家们会用局部的证据和自身的想象力提出各种假设，并加以验证。科学致力于追求事实，而极力避免借鉴宗教或意识形态。它要从人类存在的灼热沼泽中开辟出一条道路来。

以上这些特性想必你已经听说过了，但是自然科学还有另外的特点可以与人文科学相区分，其中最重要的一点就是连续统一体的概念。独立体变异是一个想当然的概念，无须刻意提及。连续统一体的常见梯度包括温度、速度、质量、波长、粒子自旋、pH 值以及以碳为基础的分子模拟物等。在分子生物学上，这些连续统一体的角色体现得并不明显，因为一些结构上的基本变异就足以解释细胞的功能和繁殖过程。但是，在进化生物学和进化生态学中，它们主要是探讨数百万物种如何以各自不同的策略适应它们所处的环境的学科，连续统一体的角色就显得非常重要了。在有关太阳系外行星的研究中，连续统一体概念的重要性更为瞩目。

2013 年，在开普勒太空望远镜因一部瞄准设备出现故障采取局部关闭措施之前，天文学家已经在太阳系外发现了 900 颗行星。几个世纪以来，尽管有关天文学家发现并探访太阳系内其他行星的消息屡见不鲜，但这个发现还是非常惊人，而且意义重大。就如同一个水手在大海上突然看到陌生的海岸线，脱口而出大喊道："陆地！陆地！" 银河系中大约有

1 000 亿个恒星系。而且大部分天文学家都相信，每个恒星系平均至少都有一个行星环绕着它运行，这些行星当中很可能有一小部分上有生物存在，包括那些生存在极端困难环境中的微生物。

银河系里的这些太阳系外的行星组成了一个连续统一体。天文学家们最近推测，这些系外行星的存在形式超出了我们之前的所有想象。其中就包括像木星和土星一样巨大的气体行星，或者是像地球一样体积较小、与母星距离适中，足以滋养生命的岩石行星。后者和那些距离母星太近或太远的岩石行星截然不同。有些太阳系外行星并不会转动，有些则会顺着椭圆形轨道转动，先接近然后再远离母星，持续这一循环。另外，还有一些行星可能会脱离母星的引力吸引，成为漂泊在太空中的孤儿。有些行星也会有一个或多个卫星。这些太阳系外的行星除了体积、所处位置差异较大之外，形成的原因也各不相同。所以，它们本身及周边卫星的星体和大气层的化学成分也千差万别。

天文学家作为科学家，也是一个正常的人类，也会像我们一样对他们的发现感到敬畏。当然，自从哥白尼和伽利略时代起我们就知道地球并非宇宙的中心，却很难想象地球在宇宙中的实际地位。如今，我们已经知道地球只是个微小的蓝色星体，只不过是宇宙里千万亿星体中的一个。它仅仅在我们才开始有所了解的行星、卫星及其他类似行星的天体组成的连续统一体中占据了一席之地而已。因此，我们应该对我们在宇宙中的处境更加谦虚。请允许我打一个比方：地球之于宇宙，就像是今天下午新泽西提内克的一座花园里，在一朵花的花瓣上栖息了几个小时的一只蚜虫的左边触角的第二截一样。

伴随着植物学和昆虫学话题在我们脑海中闪过，现在我们应该来介绍另一个连续统一体了，即地球生物圈的生物多样性。在我写这本书的当下，地球上现存植物志上已经有273 000个已知的植物品种了，这个数字有望随着科学家在这一领域的进一步探索，上升到300 000种以上。地球上所有有机体、植物、动物、真菌、微生物的已知种类大约有200万种。实际数字，包括已知和未知的，据估计至少是这个数值的3倍，甚至更多。

新定义生物的花名册可以达到每年20 000个。这个数值肯定还会上涨，因为仍有大量亟待探索的热带森林、珊瑚礁、海底山，以及地图上未标明的大洋底部的深海海床和海沟。新定义物种的数值甚至将随着完全不为人知的微生物世界的发现而加速上涨，因为当前对极其微小的生物研究所需要的科技手段已经变得常规化。地球表面到处都将会出现成群的奇特的新细菌、古细胞、病毒和微藻。

随着物种普查的发展，人们已经定位了生物多样性的其他连续统一体，包括每种现存物种及它们那漫长而曲折的生物进化历程。最后的部分结果是，生物多样性的跨越多达十几个数量级，涵盖的范围从蓝鲸和非洲象到过多的光合细菌及海洋里的净化微藻，净化微藻太小，小到都不能用常规的光学显微镜进行研究。

在所有通过科学定位的连续统一体中，和人文科学关系最为密切的是感官知觉，人类的感官所能感受到的范围十分狭窄。比如，我们的视觉只能接收到极小范围内的部分能量，在电磁光谱上的范围是 400 ~ 700 纳米。事实上，宇宙中弥漫着各种各样的电磁波，从波长只有人类可见光几兆分之一的伽马射线，到波长为人类可见光几兆倍的无线电波都有。动物可接收到的可见光范围与人类差异极大，比如在 400 纳米范围以下，蝴蝶可以通过花瓣反射的紫外线光找到花粉和花蜜，而这些光对我们来说是不可见的。我们看到一朵黄色或红色的花，在昆虫眼中看到的则是明暗相间的各种斑点和由同心圆组成的图案。

健康的人直觉上相信他们能够听到几乎所有的声音。但事实上，我们只能接收到范围在 20 ~ 20 000 赫兹内的声音。在这个范围以上，飞翔状态下的蝙蝠可以向夜空发出超声波脉冲，通过聆听回声来躲避障碍以及捕捉飞蛾和其他带翅膀的昆虫。在人类的可听范围以下，大象会通过发出隆隆声和族群里的其他成员交换复杂信息。相比之下，人类就像聋人一样在纽约街头穿行，几乎很难与周围的自然环境产生任何共鸣，而这也说明不了什么。

人类拥有地球上所有有机体中最迟钝的嗅觉之一，感知太过微弱以至于我们只有很少的词汇可以表达。我们严重依赖类似于“柠檬”或“酸的”、“臭的”这样的明喻。相反，其他各种各样的有机体，从细菌、蛇再到狼，都靠气味生存。而人类只能靠精明的受过特殊训练的狗带领我们穿过嗅觉的世界追踪每个人，觉察爆炸性和其他危险化学物质的微弱踪迹。

人类在不使用工具的情况下几乎对特定的其他刺激没有意识。我们只能通过刺痛感、电击或闪光来觉察到电。相反，各种各样的活水鳝鱼、鲶鱼及象鼻鱼却能在视线不清楚的情况下通过电流来感知周围的环境。它们身体里的肌肉组织在经过进化之后已经成为生物电池，可以产生电流并在身体周围产生一个电场，使它们得以借助电流所产生的阴影躲避周围的障碍物、确认猎物所在的方位和与同伴沟通。另一个人类无法感知的环境因素是地球磁场，而许多候鸟却能借助地球磁场完成长途迁徙。

科学家对连续统一体的探索，使得我们能够从大小、距离和数量的无尽边界上测量我们自己和微小地球所属的真实宇宙的大小，让我们明白可以去哪里寻找过去意想不到的现象，又如何在可测量的因果关系网下去理解整个现实。通过了解每个现象在相关连续统一体中所处的位置——相关连续统一体在一般说法中是指每一系统的变异，我们已经知道了火星表面的化学成分，也大概了解了怎样以及什么时候四足动物可以从泥沼中爬到岸上。我们能够在极其微小或近乎无穷的条件下通过物理统一理论进行预测，还能够看到血液流动和人类大脑中的神经元是如何擦出了思想的火花。最后，很可能短短几十年之后，我们就能解释宇宙中的暗物质，地球生命的起源以及在情绪和思想变化中的人类意识的生理基础。到那时，我们将可以看到原本看不见的，测量那些小到几乎像是不存在的东西。

那么，科学知识的爆炸式增长和人文科学有什么关系？答案是息息相关。自然科学以不断提高的精确度揭示了人类在地球以及全宇宙中的位置。我们在各个与人类相关的连续统一体中只占有一个非常小的地方，而这些连续统一体在任何一个地方都可能产生一个像人类一样的物种。追溯遥远的一系列灵长类生命形式，我们的祖先可以说都是非常幸运的彩票中奖人，在进化的迷宫中一步步演变成了人类。

人类是非常特殊的物种，或者说是被选择的一个物种，但是人类自己并不能解释情况为什么如此，甚至不能以一种可以被回答的方式来提出这个问题。只有在微弱的意识中，我们会为所了解的连续统一体的一小部分而欢呼，而在每分钟的细节里以及在无尽重复的序列里向来如此。这些部分本身并没有揭示我们从根本上拥有的特质的起源，即人类傲慢的直觉、平淡无奇的智力、危险且有限的智慧，甚至，正如批评中所坚称的——科学的自恃。

第一次启蒙运动发起是在距今 4 个世纪之前，那时自然科学和人文科学都处于初级阶段，用那时的眼光看，两者的互利共生是可行的，随着 15 世纪末期以后，欧洲的航海家开辟了全球的海上航线，更是为启蒙运动的扩展提供了可能。欧洲的航海家不仅绕过了非洲大陆，还发现了新大陆，并以军事手段占领了大片殖民地。这成为人类历史上的一个重大转折点，其内涵远比过去丰富，也因此更具挑战性，更有人文色彩。在这个时期内，人文科学及其艺术创造性使我们能够以全新的方式表达我们的存在，最终实现启蒙运动的理想。

05

人文科学的重要性

THE MEANING OF HUMAN EXISTENCE

What could the hypothetical aliens learn from us ?

外星人能从我们身上学到什么呢?

你可能会觉得奇怪，为什么一向重视数据的生物学家会说出这种话：科幻小说中虚构出的外星人形象对我们而言很重要。事实上，这种说法能使我们增强对自身状况的反思。只要有科学证据、具有相当的可信度，这些外星人将能够帮助我们预测未来。我相信，真正的外星人可能会告诉我们，人类物种拥有一项令他们瞩目的资产。你可能会认为是我们发达的科技知识，但事实上是人文科学。

这些由小说家想象出来的外星人，或许真的有可能存在。他们既不想取悦人类，也无意提升人类的素养。他们看待人类，就像我们看着非洲塞伦盖蒂草原上吃草、阔步的野生动物那样。他们的任务是从人类这一地球上的文明物种身上学习，你可能认为他们想要学习的内容可能就是我们的科学知识。其实不然，我们并没有什么科技知识可以教给他们。所有可以被称作科学的知识诞生都不超过 500 年的历史。在过去的两个世纪中，我们的科学知识（例如物理化学和细胞生物学）每隔十几二十年就或多或少有所更新，因而相比于地球历史，我们所了解的知识还是崭新的，技术的应用也处于初级阶段。而银河系统已经存在了几十亿年之久，这些外星人可能在几百万年或者几亿年前就已经达到了人类目前的科技水平。我们在他们面前就像是襁褓中的婴儿，一个还在蹒跚学步的爱因斯坦如何教导一个物理学家？什么也不能。同样的道理，我们的科技相比之下则要低劣得多。如果不是这样的话，我们就会成为外来探访者去探访他们，而他们才是土著居民。

所以，如果真的有外星人，他们能从我们身上学到什么呢？大概只有人文科学。正如默里·盖尔曼（Murray Gell-Mann）的评论所言，理论物理是由很少的法则和更多的意外构成的。地球上的初级生命起源于 30 亿 ~ 50 亿年前，随后逐渐分化为微生物物种、真菌、植物和动物，然而，这可能只是近乎无限长的历史中发生的一小段。那些外星人必然可以根据探测器以及进化生物学原理了解这一点。他们或许无法马上理解地球上的生物进化史，比如物种灭绝、更替以及一些如苏铁属、菊石目、恐龙等主要族群的兴衰史。但是在有效的实地调查、DNA 测序，以及蛋白质生物学科技的帮助下，他们能够很快了解目前地球上的动物种群以及植物种群的特性和年代，并推算出各个地方、各个年代的生物进化模式，这些都是可以借助科学手段做到的。因此，外星人很快就会了解所有我们称为科学的东西，并且知道的比我们还多，就仿佛我们并不存在一样。

在过去约 10 万年的时间里，人类社会出现了少数几个原始文化形态，后又衍生出了上千个文化分支，其中许多都保存了下来直至今天，它们都有着各自的语言或方言、宗教信仰以及社会经济实践。如同动植物物种在千百万年来生存繁衍一样，这些文化也不断演变，有些分裂成了两种以上的文化，有些则在历史中消失不见了。在现今人们所讲的将近 7 000 种语言中，28% 仅仅被不足 1 000 人使用，473 种语言濒临灭绝，仅有少量老年人使用。以这种方式来看，人类记录的历史以及史前史就像生物演变中物种形成的模式一样，有各种千变万化的模式，只不过在一些重要的面向上有所不同。

文化进化之所以不同于别的事物，是因为它完全是人类大脑的产物。在古人类时期与旧石器时代，经由一个非常特殊的选择形式，即基因与文化的协同进化，人脑应运而生。大脑的特殊能力主要来自前额叶的记忆库，源于 200 万 ~ 300 万年前的能人，直到它的后代智人在 6 000 年前才完成进化。与我们所采取的内在视角相反，如果有外来者从外在视角看待人类的文化演变，就需要理解人类大脑所有错综复杂的感觉和结构，以及各种人类心智的产物。要做到这一点，就需要与人们亲密接触，了解有关人类的历史，同时能够描述一种思想如何被翻译为一个符号或一件工艺品。所有这些都是人文科学所做的事，人文科学是天然的文化史，也是我们最隐秘和最珍贵的遗产。

人文科学之所以珍贵还有一个原因。科学发现和技术进步存在一个生命周期，当它们的数量足够大，达到某种难以想象的复杂程度后，成长的速度必然会减缓。在我作为一个科学家长达半个世纪的职业生涯中，每个研究者每年所做的发现都急剧减少。现在，一篇科技文章常常拥有 10 个或更多的共同作者，科研团队越来越大。在大多数学科中，做出一个科学发现所需要的科技手段已经变得日益复杂和昂贵，科学研究所要求的新的科技和统计分析也更加先进。

但我们不必为此担心，等到科技发展速度开始大幅度减缓时（很可能就发生在 21 世纪），科学和技术将可以拯救世人，普及的程度也将大大提升。但最重要的是，它们会趋于一致化。每个地方、每种文化，乃至每个人面对的技术手段都是一样的，瑞典、美国、不丹和津巴布韦的公民都将共享同样的信息。而将会持续演变并变得多样化的几乎一定是人文科学。

在接下来的几十年中，大多数主要的科技进步多半会出现在生物科技、纳米技术和机器人领域。至于纯科学方面，目前研究人员正在致力于推演人类的起源，创造人造生命，研究基因置换与基因的精确编辑，以及探究意识的物理特性。现今我们想象的科技进步都是科幻小说里的东西，但是这种状况不会持续很久，在几十年内就会成为现实。

现在，我们是时候坦诚面对这些问题了。我们首先需要修正 1 000 多个有问题的基因，这些基因的等位基因已经被确认为是某些遗传疾病的原因。我们能够采取的最好的办法就是基因置换，即用正常的基因置换突变的等位基因。尽管这项技术仍然处在早期探索阶段，几乎未经实践的检验，但我们认为它将取代羊水穿刺技术。羊水穿刺目前是学界用来读取婴儿染色体结构和密码的主要技术手段，以检测出有问题的婴儿从而采取堕胎措施。当前许多人反对实施这种性质的流产，但是我认为他们应该不会反对基因置换技术，因为这种做法更像是在更换有缺陷的心脏瓣膜或功能缺失的肾脏。

这是人类凭借自己的意志所实现的自然选择与进化，这种进化还有一个更高级的形式，只是促进进化的原因是间接的，即目前由于人口迁徙和异族通婚行为的日益增长导致的“人口均质化”，这种现象使得智人的基因能够在较大范围内重新洗牌。

种群之间的基因差异逐渐减弱，但同一种群内的基因差距则有所增加。最终，人类依靠自身意志实现的进化陷入了一个两难局面。再过几十年，就连最急功近利的政治人物都会注意到这一问题。那么，我们究竟是否要引导人类的进化方向，以便选择提高自己想要的性状出现的频率？还是我们最好能够袖手旁观，并保持充分乐观？就目前情况而言，我们短期内最好的选择无疑是后者。

我所描述的两难选择并不是科幻小说中的情节，也不能听之任之。这些问题就像得州“要不要给高中生发放避孕用品”“教科书要不要提及进化论”之类的社会议题之争。生物学领域另一个引发学界大讨论的议题是：当有越来越多的工作可以由机器人来完成时，人类能做些什么呢？我们真的只剩下通过大脑移植和改良基因来提升人类的智商，从而与机器人展开竞争了吗？如果真要这么做，就意味着我们将要背离自己的人性，以及从根本上改变人类的处境。

目前看来，人文科学是我们解决这一问题的重要途径，也是人文科学十分重要的原因之一。在这里，我要对“存在保守主义”投下一张赞成票。人类在科学技术方面确实取得了骄人的成绩，值得继续努力，但我们也应该承认人文科学的价值，因为这是我们人之为人的根本特质，也是人类未来的出路之一，万万不能用科技手段轻易改变它。

06

社会演变的驱动力

THE MEANING OF HUMAN EXISTENCE

What was the driving force in the origin of human social behavior ?

人类社会行为起源的驱动力是什么?

生物学上有一个重要的课题是：生物本能中的社会行为是如何进化出来的？如果能对此做出解答，我们就可以解释生物在群体层级上的一个很大的转变：即个别生物是如何发展为超个体的？一只只单独的蚂蚁如何构成了一群秩序井然的蚂蚁？单独的灵长类又是如何发展成为一个人类社会的？

社会组织最复杂的形式来自高水平的合作，至少有一些群体成员要表现出利他行为。最高水平的合作和利他主义便是所谓的真社会性合作，即群体的部分成员放弃了自己的部分或全部生殖行为，以便提高专职于繁衍后代的皇家种姓的繁殖成功率。

正如我已经指出的，有两种关于高级社会行为起源的理论。一种是标准的自然选择理论，它已经在广泛的社会和非社会现象中被证实，而且自从 19 世纪 20 年代的现代种群遗传学，以及 19 世纪 30 年代的现代综合进化论兴起之后，这个理论的精确性再度得到了检验和改进。

自然选择理论主要基于基因是遗传的单元这一原则，淘汰的对象则是每个基因所决定的性状，比如，正是因为人类的一个不利的基因突变引发了囊肿性纤维化疾病。这个基因非常罕见，因为它的显性囊肿性纤维化会导致寿命降低和繁殖能力减弱，所以遭到了淘汰。也有些有利的基因突变的例子，如决定成人乳糖耐受性的基因，这种基因在欧洲和非洲食用乳制品的人群中出现后，使得具有这种基因显性的人们可以放心地食用乳制品，因此携带这种基因的人不仅寿命长，而且繁殖能力强。

我们通常认为，一个基因所决定的性状使得某个种群成员的寿命和生育能力优于或劣于其他成员时，这个性状就是个体选择的淘汰对象。而当某一个基因决定的性状能使某一成员与其他成员更好地合作或互动时，那这个基因既有可能是个体选择的对象，也可能不是。无论怎样，这都会影响种群的寿命与生育能力。不同的种群发生冲突或争夺资源时会产生竞争，在此过程中，种群间的差异之处就会面临自然选择，尤其是那些产生明显互动的基因。

根据自然选择理论，进化的情景就像一个成功的窃贼会为自己和子孙后代的利益采取行动，但他的行为却会损害集体的利益。在同一个群体中，当偷窃的基因在小偷的下一代身上增强时，就像会使宿主生病的寄生虫一样，使群体的利益受到损害。但最终，这种不利影响还是会波及小偷自身。另一种情况是，一个英勇的战士领导他所在的群体获得胜利，但他自己不幸在战役中牺牲了，没有留下任何子孙后代。虽然他的英雄主义基因会因此遗失，但是群体中的其他成员却因他的行为而受益，得以继续生存繁衍。在这种情况下，整个群体的英雄主义基因也得到了增长。

以上两种情况说明了两类不同层次的选择，也就是个体选择和群体选择。这两种进化方式相互竞争、相互对抗，最终使得两种相对的基因实现了自然平衡，也有可能使其中一种完全消失。总而言之,一个群体内如果自私的个体占据优势，就会落后于其他由利他者构成的群体。

广义适合度理论与自然选择理论及在此基础上建立的群体遗传学原则相反，相关学者都把独立的群体成员而非独立基因看作选择的单元。社会进化是每一个个体与其他成员的互动结果的总和，伴随着其他群体成员的轮换，在每对遗传亲属关系影响下得到增殖。这种个体层面互动的多样性，构成了每个个体的广义适合度。

尽管自然选择和广义适合度理论之间的争议仍然存在，但广义适合度理论的设想只适用于一些不太可能在地球或其他星球出现的极端案例。持有这种观点的人并没有直接测量过具体案例，而是在用递归法进行间接推理，这种方法在数学上是无效的。而关于他们认为个体或群体是遗传单元，而非基因的看法，则是一个更根本的错误。

在进一步解释这两种理论之前，我们先来看一个社会行为进化的具体例子，观察一下持有两种不同观点的人是如何做出解释的。

蚂蚁的生命周期一直都是广义适合度理论者偏爱的案例，因为它可以证明亲属关系以及广义适合度理论的正确性。许多蚂蚁物种都在延续这样的生命周期：蚂蚁群落会通过从巢穴释放处女蚁后以及雄性蚂蚁来繁殖。在交配以后，蚁后不会再返回巢穴，而是四散开来建立新的种群。雄性蚂蚁会在交配后的几个小时内死亡。处女蚁后的体型比雄性蚂蚁更大，相应的，群落也会把更多部分的资源用于支持它们繁殖。

20 世纪 70 年代，持广义适合度理论观点的生物学家罗伯特·特里弗斯（Robert Trivers）提出，蚁后与雄蚁之间的体型差异巨大，是因为蚂蚁决定性别的方式很奇特。由蚁后和雄蚁交配生下来的雌性蚂蚁之间的关系，要比和雄性蚂蚁之间的关系亲近。因为工蚁主要负责抚养幼蚁（事实上，工蚁负责掌管整个蚁巢），它们又会偏爱雌蚁，给处女蚁后投入的资源要远多于雄蚁，所以蚁后的体型远远大于雄蚁。在广义适合度理论下演绎的这个过程，又被称为间接自然选择。

相反，标准的种群遗传学理论模型假设了直接的自然选择，并用直接的田野和实验室观察验证了它。昆虫学家知道，蚁后的体型一定比雄蚁大，这是由蚁后开辟一个新群落的方式决定的。蚁后会先挖一个巢穴，把自己封进去，然后用自身存储的充足脂肪及翅膀肌肉新陈代谢的产物养育第一巢工蚁。雄性蚂蚁体型之所以很小，是因为它唯一的作用就是交配。在受精达成后，雄蚁就会死去。（一些种类蚂蚁的蚁后在繁殖后甚至能存活 20 多年。）因此，按照性别进行资源投放的间接的广义适合度解释是站不住脚的。

广义适合度理论的假设是，工蚁负责控制群落的分配，这种论证的重点也是错的。蚁后是通过高度自动化的阀门，即一个形似袋子的精子储存器官来决定所生育的后代的性别的。如果阀门释放的精子在卵巢中使一个卵子受精，就会生出一个雌性。如果没有释放出精子，卵子就不会受精，从而生出雄性后代。因此，决定哪个雌性或幼卵会成为蚁后的因素不仅仅包括工蚁。

在过去的半个世纪中（当时的数据仍然相对稀缺），广义适合度理论一直是高级社会行为起源的通行解释。这个理论是在 1955 年伴随着英国基因学家霍尔顿（J.B.S.Haldane）的简易数学模型出现的。霍尔顿的观点如下（为了更容易理解，我在这里做了一些调整）：想象你是一个站在河岸上的没有孩子的单身汉，你看到你的兄弟掉进水里并且快要沉溺。河水特别湍急，你的水性又很差，你知道如果自己跳进去救他，你很可能就会淹死。因此实施救援需要具有利他主义精神。但是霍尔顿却解释说，你不一定需要有利他主义的基因才会去救他，因为那个人是你的兄弟，他有一半的基因都和你的相同。所以你跳进去救他，能够确定的是，你也会淹死。在你去世后,你的一半基因却会保留下来。为了弥补基因的缺失，你的兄弟要做的是再生两个孩子。基因是选择的单元，是自然选择进化中的关键因素。

1964 年，另一个英国基因学家威廉·汉密尔顿（William D. Hamilton），用一个常规公式解释了霍尔顿的观点，后来被称为“汉密尔顿的不等式”（Hamilton inequality）。汉密尔顿的主要观点如下：如果一位受到利他者恩惠的人所繁衍的后代数量，超过了利他者因利他行为而损失的后代数量，那么表现出利他行为的基因就会有所增加。然而，这种情况只会发生在利他者和他的造福对象存在亲近的亲缘关系的前提下。至于两者亲缘关系的亲近程度，取决于他们拥有的共同基因的比例。兄弟姐妹之间为 1/4，表兄弟之间为 1/8，由此依次类推。这一过程后来被命名为“亲缘选择”。由此看来，高级社会行为进化的根源就在于密切的亲缘关系。

表面看来，亲缘选择似乎一开始就是组织化社会起源的合理解释。考虑到任何由个体组成的无组织状态群体，比如一群鱼、一群鸟或者一群地松鼠，如果这个群体的成员能够区分出自己和群体成员的后代，就可以被称为达尔文式的自然选择，并逐渐进化出父母照顾子女的行为。而如果它们还能辨认出兄弟姐妹等旁系亲属，在某些个体的基因发生突变时，它们更愿意照顾旁系亲属而非其他个体，这时它们就能比群体中的其他成员拥有更大的进化优势。那么这个种群未来将如何发展呢？随着偏好旁系亲属基因的扩散，这个群体中就会出现几个大家族，这时，如果这些群体成员都具有利他精神，能够分工合作，就会需要另一个不同层面的自然选择，那就是群体选择。

同样在 1964 年，汉密尔顿通过引进广义适合度概念把亲缘选择理论又向前推进了一步。他认为，群体中的个体会和群体中的其他成员进行互动。在这一过程中，个体会和与它产生互动的其他群体成员一起参与亲缘选择。这些行为和个体对它传给下一代的基因数量的影响，便是它的广义适合度。也就是将这些行为的好处与成本进行加和，再用个体和每一个成员之间的亲属关系的等级通过打折得出的数字。依照广义适合度理论，选择的单位就从基因变成了个体。

起初时，在挑选了可以几个用于实际研究的案例之后，我认为广义适合度理论是非常迷人的。在汉密尔顿的文章发表一年以后，我还在一个英国皇家昆虫学会的会议上为广义适合度理论做了辩护。那晚，汉密尔顿是站在我这边的。在我创建了社会生物学这个新学科的两本书《昆虫的社会》（*The Insect Socienties*,1971）和《社会生物学》（*Sociobiology: The New Synthesis*,1975）中，我都宣扬了亲缘选择理论，将其作为解释高级社会行为的关键部分，其重要性和生物等级、沟通方式以及其他构成社会生物学的主题同样重要。1976年，雄辩的科学新闻工作者理查德·道金斯[①]在他的畅销书《自私的基因》中，向大众解释了这个观点。很快，亲缘选择以及广义适合度理论的某个版本就被引入了课本，以及关于社会

① 牛津大学教授，有“达尔文的斗牛犬”之称的进化生物学家。讲述其科学家养成之路的《道金斯传》已由湛庐文化策划、北京联合出版公司出版。——编者注

进化的科普文章中。在接下来的 30 多年中，科学家们陆续在蚂蚁和其他社会昆虫身上测试了许多从广义适合度理论中延伸出来的法则和抽象概念，并声称他们在针对等级秩序、冲突和性别投资等方面的研究，都证明了亲缘选择理论的正确性。

截至 2000 年，亲缘选择和广义适合度理论几乎成了教条。许多科学文章的作者都肯定了这些理论的正确性，即使他们得出的数据与该理论的印证关系十分微弱。学术界也出现了专门研究这一理论的学者，有人还因此蜚声国际。

事实上，广义适合度理论不仅不正确，还有着致命缺陷。在回望以往的历史时我们发现，这个理论在 20 世纪 90 年代就出现了两个严重的问题，而且情况还在恶化。一是由这一理论扩展出去的各类说法越来越抽象，与社会生物学其他领域繁荣的实证工作渐行渐远。二是一些持有广义适合度理论观点的科学家所做的实证研究只集中于少量可测量的现象。相关的论文和著作也只是在老生常谈，相关论文层出不穷，讨论的问题却日渐单一，几乎没有触及生态学、分工、神经生物学、生物沟通学和社会生理学等宏大领域。许多介绍广义适合度理论的文章都空洞无物，只是一味吹捧，用于肯定它的正确性。

与此同时，广义适合度理论越来越显示出了式微的迹象。到了 2005 年，已经有学者在公开质疑它的正确性，一些权威专家更是针对蚂蚁、白蚁和其他一些真社会性动物的特性提出了问题。有几位勇敢的科学家开始采用不同的理论来解释“真社会性”产生的原因和进化过程。但顽固的广义适合度理论支持者不是视而不见就是大声驳斥。在 2005 年，担任学术期刊盲审专家的广义适合度理论支持者更是阻挠这些期刊发表反对该理论的证据和意见。例如，一些教科书中包含有广义适合度理论支持者提出的预言——膜翅目昆虫在真社会性动物中所占的比例颇高。

但有研究者发现这个预言并不正确，在提出质疑后，一些理论支持者却告诉那位研究者:“我们已经知道了”。他们确实早就知道了这一点，却没有采取任何行动。 他们说，“膜翅目昆虫假设”不是错的，它仅仅是不相关而已。一个资深调查者凭借田野调查和实验室研究发现，原始白蚁群落之间竞争壮大的方式之一是将没有亲缘关系的工蚁收编，但他的研究成果却被驳回了，理由是研究结论没有充分考虑广义适合度理论。

为什么这样一个晦涩难解的理论生物学话题会激起这么多激烈的偏见论证？因为它所回答的问题非常重要，并且解决这个问题的利害关系也十分严重。此外，广义适合度理论越来越像一栋纸牌屋，随便抽出一张就面临着全盘崩溃的风险。然而，这种风险是值得的。只有这样，进化生物学领域才有可能出现难得一见的更正典范。

2010 年，广义适合度理论的支配地位最终被颠覆了。作为少数反对这一理论的人之一，我与哈佛大学两位数学家兼理论生物学家马丁·诺瓦克（Martin Nowak）[①]和科丽娜·塔尼卡（Corina Tarnita）联手，对广义适合度理论进行了彻底分析。诺瓦克和塔尼卡在此之前就已经发现广义适合度理论的基本假设并不牢固，我则阐释了过去支持这个理论的田野数据，或许也可以用直接自然选择同样很好地解释，甚至效果还会更好。正如我在描述蚂蚁的性别分配状况时所做的一样。

我们三人的联合报告于2010年8月26日作为著名杂志《自然》的封面文章发表了。《自然》杂志的编辑们在了解到这篇文章主题的争议性后，采取了十分谨慎的态度。其中一位还特地从伦敦飞到哈佛大学与我们共同探讨。结果，他被我们说服了。在那以后，我们的稿件又经过了三个匿名专家检查，最终得以顺利发表。正如我们所料到的，文章一经发表就引

① 哈佛大学数字与生物学教授，进化动力学中心主任。其里程碑式科普著作《超级合作者》中文简体字版已由湛庐文化策划、浙江人民出版社出版。——编者注

起了如同火山爆发般的抗议，这正是新闻记者最喜欢的报道题材。至少有137位信奉广义适合度理论的生物学家在他们的研究或授课中，在《自然》杂志下一年发表的一篇文章上共同签署了反对意见。2012年，当我的新书《地球的社会征服》用了整整一章重申我的论点时，理查德·道金斯用一个真正的信徒式的义愤做出了回应。他在给英国杂志《前景》写作的评论中，呼吁其他人不要阅读我写的东西，而应该“大力”扔掉整本书。

但在那之后直到现在，还没有人反驳诺瓦克和塔尼卡的数学分析，也没有对我在田野数据解读方面支持标准理论胜过广义适合度理论的观点提出质疑。

2013年，另一位数学生物学家本杰明·艾伦加入了诺瓦克和我的行列（塔尼卡已经离开了曾经忙于为数学模型添加田野研究的普林斯顿大学）。在2013年年末，我们发表了计划中一系列参考文章中的第一篇。因为精确度的需要，以及这些文章包含的材料可能和这个题目的背景和原理有关，我在本书的附录中提供了第一篇文章的摘要。

现在，我们终于能在一种更加开放的研究精神中研究这个关键的问题：人类社会行为起源的驱动力是什么？非洲的古人类是一种与略低级的动物相似的物种，但在交往方式上在向高级社会迈进。随着大脑容积的增大，古人类的记忆力也大幅增强，使他们变得更加聪明，而他们也充分运用了这些智能。原始社会性昆虫只进化出劳动分工制度，最早的智人却本能地发展出了各式各样的行为，并利用群体成员的智慧团结协作。

在所有动物中，只有人类能够根据个人彼此之间的深入了解构成群体。在群体关系形成后，具有亲缘关系的成员就拥有共同基因，但这并不是由亲缘选择造成的。亲缘选择和广义适合度理论无论是应用在人类、真社会性昆虫还是其他动物身上，都无法得到有效验证。人类的进化动力在于人们具有与人沟通、识别、评价他人并与他人产生联结、合作与竞争的倾向，以及从属于某一群体的需求。这样的互动有利于人类进化，他们的社会智能会在这种互动中不断增强，最终使得智人成为第一个在地球历史上占据支配性地位的物种。

THE MEANING OF HUMAN EXISTENCE

第三部分

人类之外的世界

人类生存的意义只有在与其他物种相比时才能更深刻地被理解，这些物种不局限于我们的星球，甚至还包括太阳系以外的生物。

07

迷失于信息素世界

THE

MEANING OF

HUMAN EXISTENCE

If flies and scorpions sang as sweetly as songbirds, might we dislike them less?

如果苍蝇和蝎子拥有如小鸟一般甜美的叫声，
我们对于它们的厌恶会有所减少吗?

让我们换一个方向继续这趟旅程。科学带给人文科学最大的贡献是，展示了人类作为一个物种是多么神奇。这样做，是对地球上所有千奇百怪物种的生态研究的一部分。我们走到现在，已经有望窥探到其他星球上的生命，其中可能还包括进化出和人类同等级别智能的生命。

人文科学对待人性的奇特本质的方法是“如实描述”。基于这样的观点，富于创造力的艺术家们就无尽的细节编撰故事、谱写乐曲、描绘图像。若以生物多样性为大背景，那么定义人类物种的那些特质就显得非常狭隘。除非“如实描述”变成“如实描述并阐释原因”，否则我们就无法揭开人类生存的意义。

首先，就让我们看看人类在由众多不同生命形式组成的地球生物圈中是多么独特的存在。

在漫长的时间流逝中，上百万个物种先后出现又相继消失，智人的直系祖先抽中了进化这一彩票的头彩。奖金是基于符号语言建立的文明和文化，以及由此获得的从地球上汲取不可再生资源，同时兴高采烈地消灭地球上其他物种的巨大力量。现在的人类特性是一些偶然发生的“预适应”（preadaptation）的随机组合，包括完全待在陆地上、有一个大型的大脑和较大的颅骨结构，以及能够操作工具的自由灵活的手指，还有（这可能是最难理解的部分）用于辨别方向的视觉和听觉，而非嗅觉和味觉。

当然，人类无不为能够用鼻子、舌头和口腔来辨别化学物质的优秀能力感到自豪。扬扬得意地嗅出微风中混杂的花香，品味舌尖上葡萄酒的余味，即使身处黑暗的家中，也能根据不同房间的味道特点确定具体是哪个房间。但即便如此，人类在化学感知这一点上还是差生。和人类相比，其他生物简直是天才。近 99% 的动物、植物、菌类和微生物都完全或几乎全部依赖各种各样的化学物质（信息素）与同伴交流，它们还可以通过探测其他化学物质（化感素）来识别有可能成为食物、天敌或者共生对象的其他物种。

人类能够捕捉的大自然的声音也是极其有限的。我们虽然能够听出鸟鸣，但其实鸟类也和人类一样，是依靠视觉和听觉交流的少数几个物种之一。人类也能听到混杂在鸟鸣中的蛙声，以及蟋蟀、蚱蜢和蝉的鸣叫。若你愿意，还可以把黄昏时蝙蝠发出的超声波也加进来，但蝙蝠是用回声定位障碍物和作为食物的飞虫的，超声波的音调高到超出了我们的听觉范围。

人类有限的化学感知力对于我们理解和其他生物的关系有着重要的启示意义。这里我想让读者思考一个问题，如果苍蝇和蝎子拥有像小鸟一样甜美的歌声，我们对于它们的厌恶之情会有所减少吗？

我们往往会关注动物交流时使用的视觉信号，并欣赏小鸟的飞翔、鱼类的遨游、蝴蝶的舞蹈及其体表颜色。昆虫、青蛙和蛇也会用鲜艳的颜色和体态展示来吓退敌人。这里传递的信息是紧急的，就像在警告说“你吃了我你就会死或者不舒服”，而并非想要取悦敌人。对于这些警告，博物学家懂得一个道理。当你接近一个美丽的动物时，如果它泰然自若，那么它不仅有毒，还很可能携带致命的剧毒，比如行动缓慢的珊瑚蛇、悠闲自在的箭毒蛙。对于这些生物，如果我们只是看一看、欣赏欣赏，还能躲过一劫。与这些情况相反的是，紫外线是我们看不到的。而多数昆虫是依赖紫外线而生存的，例如，蝴蝶就可以利用紫外线的反射找到花朵。

生物界的视觉信号可以激发人们的情感，世世代代以来，它们为诸多伟大的艺术作品赋予灵感，造就了音乐、舞蹈、文字和视觉艺术上的杰作。即便如此，这些视觉信号本身若与我们身边的信息素和化感素世界中正发生的事情相比，那就不足为奇了。为了理解这个“低调”的生物学原则，我们可以想象一下，假如你可以像除了人类以外的其他生物一样分辨这些化学物质，会发生什么。

转眼间，你就会身处和原来完全不同，甚至超越你想象的纷繁复杂、瞬息万变的世界当中。对于地球生物圈的大部分成员而言，这才是真实的世界。其他生物也生活在这个世界，但人类直到现在都处在世界的边缘。云雾从地面和草木中升起，脚边的物质散发出的气味像藤蔓一样徐徐溢出。微风将这一切吹起带到空中，接着，气味的“藤蔓”被越来越强的风撕裂，四散消弭。在地面上，被落叶和树枝覆盖的细枝和菌类群中升起了烟柱，随即又渗入附近的裂缝。

不同地点的气味组合是不同的，即使距离差一毫米，味道也会不同。气味的样式可以作为标记，蚂蚁等小型无脊椎动物就经常使用这种标记，而人类贫乏的嗅觉却无法捕捉。在散发各种气味的环境中，有少量有机化学物质会以椭圆状流出，形成半球状的泡泡。这是无数种小型生物发出的化学物质信息，其中还有从生物体内流出的化学物质信息，它们可以成为捕食者找到猎物的线索，也可以作为猎物对捕食者接近的警告，以及对同胞发出的信息：对未来的交配对象或者共生对象说，“我在这里，来吧，求求你来这里”。对于同胞中潜在的竞争对手而言，这些化学物质信息就如狗洒在消防栓的信息素一样，传达出“这里是我的地盘，滚出去”的警告。

过去半个世纪的研究表明（在其前半段，我在研究蚂蚁的交流方式中度过了美好的时光），信息素不止是释放在空气或水中等待被其他人发现。相反，信息素准确瞄准了特定的目标。理解利用信息素交流的关键是“有效空间”。气味分子一旦从源头释放（释放的源头一般都是动物等生物身上的腺体），就会在同种个体可以察觉的浓度水平的中心部位集中。各个物种在几万年、几百万年的进化中，精妙地设计了分子的大小和结构、根据信息内容释放的分量，甚至还包括接收信息一方的感受性。

试想一下雌性飞蛾在夜晚吸引雄性飞蛾的情景。最近的雄性可能在 1 公里之外，若以飞蛾的体型衡量，这相当于人类的 80 公里。研究已经证实，雌性飞蛾释放的信息素必须足够强烈。比如，雄性印度谷螟只要 1 立方米中有 130 万个分子就会开始行动。这听起来感觉很多，但考虑到 1 克氨气（NH_3）包含有 10^{23} 个分子，130 万就显得微不足道了。信息素分子不仅需要强烈到能够吸引同种雄性，还需要有罕见的结构来避免吸引其他种类的雄性或捕食者。飞蛾的性吸引物质非常精准，与相近的物种相比，可能只是一个原子、有无双键、双键排列方式或一个同分异构物的差别。

在物种排他性较强的情况下，雄性飞蛾寻找交配对象时将面临复杂的难题。雄性不得不进入虚无缥缈的有效空间展开追踪。有效空间始于雌性身上很小的一点，刚开始是粗略的纺锤形，然后再变回很小的一点，直至最后消失。如果像我们在厨房寻找味道源头那样，沿着味道浓度从稀到浓来寻找，那么大部分情况下雄性飞蛾将无法找到目标雌性。雄性飞蛾利用其他方法达到了与我们的方法同等的效果。雄性飞蛾一旦遇到信息素就会逆风飞行，直到找到正在发出“呼喊”的雌性。中途可能由于风向变化，气味的流动被扭曲以致偏离路线，此时雄性飞蛾就会作锯齿状飞行，从而再次进入有效空间。

这种水平的嗅觉能力在生物界很常见。雄性响尾蛇会通过追踪信息素找到处在发情期的雌性。同时，无论雄蛇还是雌蛇都会不停地吞吐舌头来嗅地上的味道，从而像手握猎枪的猎人一样准确地接近猎物松鼠。

与此同等的嗅觉技能在动物界经常可以观察到，尤其是需要仔细识别的各种情景，人类也不例外。人类母亲可以根据味道识别自己的孩子。蚂蚁只要用两根触角轻抚一下，就能在不到 1 秒的时间内辨别出接近的工蚁是自己的伙伴还是外人。

有效空间的设计除了在性和识别方面发挥作用，还进化出了可以交流各种情报的功能。负责放哨的蚂蚁能够分泌警戒物质，告知同一巢穴的伙伴敌人正在接近。这种化学物质与信息素和追踪信息素相比，结构更加简单。这种物质被大量释放，有效空间会迅速扩大到很远的范围。这种情况下,无须顾及隐私，反而无论同伴或敌人都能嗅到最好，而且越快越好。要尽可能多地引起伙伴们的警戒心，并尽快采取行动。而一旦感知到警戒物质，斗志昂扬的战士就会奔赴战场，负责照顾后代的蚂蚁则会将幼蚁转移到巢穴深处。

栖息在美洲的悍蚁将信息素和化感素巧妙组合，作为“宣传物质”使用。“奴隶制”在北温带的蚁群中广泛存在。奴役其他蚂蚁的蚁群会首先袭击那些从不奴役其他蚂蚁的蚁群。在悍蚁的巢穴，工蚁从不工作，也不做杂活儿。但如古希腊的斯巴达战士一样，一旦到了战斗的时候，平时的悠哉就会变得凶猛异常。一部分品种的蚂蚁战士能够举起镰刀状的大颚，击穿敌人的身躯。而我在研究蚂蚁奴隶制的过程中，发现了行为截然不同的另一个品种。这种蚂蚁的战士在腹部（蚂蚁三段身躯的最后一部分）拥有肥大的储存囊，囊中存有大量警告物质。它们一旦入侵目标巢穴，就会在通道和蚁房散播信息素。由于化感素的作用（准确来说是假信息素），被攻击的一方会陷入混乱和恐慌，然后撤退。如果是人类，这就像刺耳的警报声从四面八方传入耳内一般。另一方面，攻击的一方并不会陷入恐慌，反而会被信息素吸引过来，接着就会掳走目标巢穴里还处于蛹阶段的幼蚁。从蛹变成蚁的俘虏被烙下烙印，就会把捕捉者当成姊妹，以奴隶的身份度过一生。

在使用信息素这一点上，蚂蚁可能是地球上最先进的生物了。在已知的昆虫之中，没有一种昆虫像蚂蚁一样在触角上拥有嗅觉等多种感受器。蚂蚁可以说是行走的外分泌腺群，且各个腺体都能特化分泌不同种类的信息素。为了控制整个社会，它们会根据不同的品种使用 10~20 种各不相同的信息素。这只是蚂蚁信息系统的冰山一角。它们有时还会同时分泌不同的信息素来传播更复杂的信息。分泌的时间和地点不同，表达的意思也会有所不同。通过调节分子的浓度，蚂蚁能够实现传递更复杂的情报。比如，根据我的研究，至少有一种栖息在美洲的农蚁，只要有极少量能够感知到的信息素，工蚁就会被吸引到源头。若浓度稍微高一点，蚂蚁就会走来走去兴奋地寻找源头。发出信号的工蚁附近的信息素浓度最高，会使其他蚂蚁极度兴奋，以至不顾一切地去攻击眼中所见的其他生物。

一些种类的植物也会利用信息素进行交流。它们有时会接收到相邻植物释放的标志痛苦的信号，并采取相应行动。被危险的敌人（细菌、真菌、昆虫等）袭击的植物会释放出用于抵御侵略者的化学物质，有些还具有挥发性。相邻的植物在“闻到”相应味道后，即使自身还没有受到攻击，也会做出防御反应。有些种类的植物会被吸食汁液的蚜虫袭击，蚜虫是生活在北温带的一种常见昆虫，造成的危害相当严重。植物释放的气体物质不仅会引发相邻植物的防御反应，还会将蚜虫的寄生宿主寄生蜂吸引过来。其他种类的植物也拥有一些独特的防御策略，如它们可以借助共生真菌缠绕在根部的菌丝，在植物之间传递信息。

连细菌都会为维持秩序使用类似信息素的交流手段，如一个个单独的细胞会结合在一起，交换具有特别价值的 DNA。随着群体的密度升高，一部分物种还会产生“群体感应”，感应契机是被分泌在细胞周围的液态化学物质。群体感应会引发合作行为，并形成群落。后者中经常被研究的是生物膜的构建：自由游动的细胞集中到表层，分泌形成包裹整个群体的保护物质。这样的微观社会在我们身边和体内随处可见，最熟悉的应该是未清洗的浴室墙面污垢和没刷干净的牙垢。

一直以来，人类都难以理解这个充满信息素的世界的本质，其原因可以从进化视角简单地加以解释。首先，我们的体型太过庞大，以至于需要做出特别的努力才能理解昆虫或细菌的生态。其次，在进化到智人的过程之中，我们的祖先拥有了可以储存大容量记忆以实现语言和文明起源的大脑。再次，双脚站立解放了人类的双手，使我们能够制造更高级的工具。更大的大脑容量和双脚站立，使得人类头部的位置变得比其他大部分动物都要高（排除大象和有蹄类动物）。结果就是，我们的眼睛和鼻子远离了人类以外的大部分动物。地球上超过 99% 的物种都太小了且被束缚在地表附近，人类的感知系统很难对其进行捕捉。最后，作为交流手段，人类祖先不得不使用视觉。因为运用除此之外的其他感觉进行交流所需的时间太长了，包括信息素。

总的来说，在人类变得比其他物种优越的进化过程中发生的技术革新，却在感觉这一点上把我们变得不自由了。一直以来，人类都在无法察觉其他几乎所有生物存在的情况下，无所顾忌地破坏着地球的生物圈。即使如此，在人类刚刚诞生不久并扩散到世界各地，人口刚开始呈指数级增长时，问题还不算太过严重。当时人类的数量还很少，使用的也只是陆地和海洋中蕴藏丰富且未被开采的能源的一小部分。当时还有充分的时间和空间允许重大错误的发生，但那样的幸福时代已经过去了。我们虽然无法利用信息素交流，却应该更多地学习其他生物是如何利用信息素展开交流的，这样既可以更有效地拯救它们，也可以拯救我们赖以生存的大部分地球环境。

08

超个体

THE

MEANING OF

HUMAN EXISTENCE

What can we learn of moral value from the ants？

我们能从蚂蚁身上学到什么道德价值观呢?

想象一下，假如你是在东非野生公园里游玩的一名游客。你拿起望远镜，看到了狮子、大象、水牛和羚羊，即荒漠中典型的大型哺乳动物群体。突然，大陆上最伟大且最不为人知的野生动物奇观在你数米前的地面上出现了：几百万只矛蚁从地底下的巢穴中奔涌而出。它们亢奋、敏捷、不顾一切，如一股混沌而愤怒的河水倾泻开来。刚开始时，它们就像是盲目的乌合之众，但很快就形成了一个向外延伸的纵队，这个队伍太密集了，以至于它们都叠在一起，整体看起来就像是扭曲的绳子。

没有任何生物敢于触怒这一纵队。队伍中每一只掠夺者都在随时准备愤怒地啃噬任何能被视为食物的东西。纵队周围有士兵负责站岗，它们就像大块头的防卫专家，用后脚站立，高举着螯状的上颚。矛蚁们虽然没有领导，行动却井然有序。前锋由前仆后继的盲目工蚁组成，后面的蚂蚁则推搡着它们向前冲。

在离巢穴 20 米开外的地方，纵队开始呈扇形散开，这些扇形由更小的纵队组成。很快，地面就被由纵队和工蚁组成的网络覆盖，它们大肆狩猎，捕捉着昆虫、蜘蛛和其他无脊椎动物。现在，突袭的目的变得非常明显。蚂蚁是猎食者，它们要尽可能多地捕获小型猎物并把其带回巢穴充当粮食。蚁队也会将那些挡住去路的任何大型猎物整个或分解后带回巢穴：蜥蜴、蛇、小型哺乳动物，甚至传说还有毫无防备的婴儿。矛蚁的残暴行径是有原因的。大量蚂蚁嗷嗷待哺，如果无法满足蚁群的食物需求，整个系统就会很快崩溃。整个种群中，猎食者和工蚁中加起来约有 2 000 万只不孕不育的雌性。它们都是拇指大小的蚁后的女儿。蚁后因其是世界上体型最大的蚂蚁而广为人知。

矛蚁的种群是迄今为止进化而来的最极端的超个体之一。当你看着它们的时候，恍惚之间，看起来就像是伸出几米长的虚足去吞噬食物颗粒的变形虫。这个超个体的最小单位不像变形虫或其他有机体一样是细胞，而是单独的个体，个体本身是有完整身体结构、六肢齐全的有机体。这些蚂蚁，这些作为最小单位的有机体，彼此利他且完美协调，以至于它们看起来就像是同一个有机体的细胞组织。在自然环境中或者电影中看到矛蚁种群时，你忍不住使用的代词是“它”而不是“它们”。

已知约 1.4 万种形成种群的蚂蚁品种都是超个体，虽然其中只有少数和矛蚁一样庞大且拥有复杂的组织系统。近 70 年以来（从我童年开始），我研究了全世界范围内的上百种蚂蚁，有的简单、有的复杂。这段经历让我有资格建议你们如何将蚂蚁的生存方式应用到你们的生活中（但就如你即将看到的，这种经验借鉴实际上是非常有限的）。我们就从我最常被公众问到的问题开始吧：“我应该如何应对我家厨房里的蚂蚁？”我最诚挚的建议是：小心你的脚下，谨慎对待这些小生命。它们特别喜欢蜂蜜、金枪鱼和饼干渣。所以你可以撒一些在地上，然后仔细观察第一个发现残渣的成员，看它如何通过制造附有味道的小径回去报告种群。当一个小纵队随着它爬出巢穴的时候，你就会看到奇异的社会行为。不要把厨房里的蚂蚁当作害虫，而要把它们当作你个人的超个体客人。

第二个我常被问到的问题是：“我们能从蚂蚁身上学到什么道德价值呢？”我只能斩钉截铁地回答：没有。人类根本没有需要效仿蚂蚁的地方。只有一点：所有工蚁都是雌性，雄蚁每年只有在繁育的时候会在巢穴中出现一次，而且是十分短暂的一段时间。雄蚁貌不惊人，拥有一对翅膀、大大的眼睛、小小的大脑和占据它们身体很大一部分的生殖器。雄蚁在巢穴中从不工作，终生只有一个作用：为那些处于繁殖期飞出巢穴交配的处女蚁后授精。雄蚁只为超个体的单个职能而生：飞行的繁殖机器。在交配期间或去往交配的路上（对于一只雄蚁来说，抵达蚁后往往意味着一场大战），雄蚁是不允许回巢的，并且在几小时内便会死去，沦为捕食者口中的猎物。说到道德启示，虽然像大多数受过良好教育的美国人一样，我也提倡性别平等，但是像蚂蚁那样的交配方式简直是女权主义的暴行。

除此之外，许多蚂蚁还吃它们同胞的尸体。这已经很糟糕了，但是我不得不告诉你，它们还吃受伤的同胞。你可能曾目睹因为被你不小心或故意踩到而受伤或被杀死的蚂蚁被其同胞带回巢穴的情景，你或许认为这是可歌可泣的战场友谊，然而其真实目的却是残酷的。

当蚂蚁逐渐长大，它们会花更多时间在巢穴外侧的蚁房或通道里活动，并且更倾向于担任危险的捕食任务。它们也会首当其冲地迎击敌对的蚂蚁和其他入侵巢穴入口附近领地的敌人。这里也体现出了人类和蚂蚁的一大差异：人类将年轻男性送到战场，而蚂蚁则将年老的妇女送到战场。这里没有什么值得学习的道德价值，除非你想找一种更廉价的养老方式。

生病的蚂蚁和年迈的蚂蚁会移动到巢穴的边界或外部。那里没有蚂蚁医生，它们离开蚁穴也不是为了寻找蚂蚁诊所，只是想避免感染蚁群中的其他成员。一些蚂蚁死于真菌感染和吸虫感染，任病菌在自己身上繁衍后代，这一行为也常常被误解。如果你看了太多好莱坞的外星人入侵和僵尸电影，那么你就会像我一度想的那样，猜测寄生虫是不是控制了宿主的大脑。然而，现实远比想象更加简单明了：生病的蚂蚁有离开蚁穴来保护其他成员的遗传倾向，而那些寄生虫只是进化出了利用蚂蚁的“社会责任”的本事。

所有蚂蚁品种中拥有最复杂的社会组织，并且在所有动物中最富有争议的，是生活在美洲热带地区的切叶蚁。从墨西哥的低地森林、草地到气候温暖的南美，你都能找到明显的由红色、中等大小的蚂蚁组成的长队，其中许多蚂蚁还带着刚刚切下的叶片、花瓣和嫩枝。它们吸食树汁，但不吃固体的新鲜植物。它们将植物运到巢穴深处，并将其转化成复杂的海绵状结构，再在这些物质上培养自己能够进食的真菌。从植物原材料的搜集到最终产品，整个过程都在流水线上由各个“专家”完成。地面上的切叶蚁体型均为中等大小。它们在向巢穴运输货物的过程中无法保护自己，经常被寄生苍蝇骚扰。那些苍蝇急着在切叶蚁身上产卵，将来孵化出的蛆虫就会啃噬切叶蚁的肉体。这一危机在大部分情况下是被骑在“搬运工”切叶蚁身上的姊妹工蚁解决的。工蚁就像象夫一样，用后脚驱赶着苍蝇。

回到蚁巢后，体型比采集者稍微小一点的工蚁会将植物碎片切成1毫米大小。然后，更小的蚂蚁再将它们嚼碎后加入自己的排泄物当作肥料。接着，体型更小的蚂蚁负责用粘稠的结块去建造“花园”,和那些“抗蝇卫士”一样大小的工蚁则负责在“花园”里种植和培养真菌。

另外还有一种切叶蚁的阶层，由最大的工蚁组成。它们庞大的身身躯上长有发达的内收肌，可以为刀片状的上颚提供足以切开皮革的力量（更别提人的皮肤了）。它们看起来足以应对那些最危险的捕食者，包括食蚁兽和其他一些有一定体积的哺乳动物。这些“士兵”蛰伏在蚁房深处，为整个蚁穴随时可能面临的重大危机养精蓄锐。在最近一次前往哥伦比亚的田野调查中，我偶然之中不费吹灰之力就把这些残暴的蚂蚁带到了地面。

切叶蚁的巢穴就像是一个庞大的空调系统。接近中心的通道积累着被“花园”和依赖其生存的数百万蚂蚁加热的、充满二氧化碳的空气。随着空气被加热，由于冷热空气引发的对流就会从上面的开口处向外扩散。同时，新鲜的空气会通过入口进入巢穴边缘的通道中。观察过程中我发现，如果我向边缘的通道吹气，将我的哺乳动物气息输送到巢穴中心，那些大头的“士兵”便会爬出来见我。不过我也承认，这些观察并没有什么实际用处，除非你喜欢被可怕的蚂蚁追逐的刺激感。

蚂蚁、蜜蜂、马蜂、白蚁等高级的超个体在几乎纯粹的本能基础上实现了对文明的效仿，而且它们用的是仅有人类大脑百万分之一大小的大脑来实现的，依靠的是很少一部分本能。这里不妨想象一下，超个体进化就像搭机械积木，一些基础零件用不同的方式组合就能制造出各式各样的结构。那些生存下来并高效繁衍后代的超个体，如今正向我们展示着令人类眼花缭乱的、极其精巧的复杂性。

那些进化出超个体种群的幸运物种是非常成功的。目前已知的 20 000 种社会性昆虫（蚂蚁、白蚁、群居蜂和马蜂等）只占已知 100 万昆虫物种的 2%，但它们的个体数量却占到了整个昆虫生物总量的 3/4。

但是，复杂性必然伴随着脆弱性。这让我想到另一个超个体里的明星——家养蜜蜂及其道德启示。当疾病侵袭单独个体或和我们有共生关系的弱社会性动物时，如鸡、猪和狗，它们的生态系统的简单程度是可以通过兽医进行诊断然后解决的。相反，蜜蜂的生态系统在我们的动物伙伴中是最复杂的。它们适应环境的历程十分曲折，每一个小小的差错都可能反应在整个种群生态循环的其他地方。蜜蜂种群的生态之棘手，给欧洲和北美洲带来了混乱，威胁到当时大量农作物的授粉和人类的粮食供给，这反映出超个体身上普遍存在的本能性缺陷。

你可能偶尔听到有人将人类社会描述成超个体，这可能有点夸张了。人类社会有合作、劳动分工和其他频繁的利他行为，这是事实。但社会性昆虫完全是被本能所支配的，而我们是将劳动分工建立在文化传播基础上的。另外，和社会性昆虫相比，人类又过于自私，不像是有机体中的细胞。几乎所有人都在追寻自己的归属。他们渴望繁衍生命，或者说至少享受以繁衍为目的的某种形式的性爱。人类永远反抗奴隶制，他们不会容忍自己像工蚁那样被对待。

09

为何微生物统治了宇宙

THE MEANING OF HUMAN EXISTENCE

Might organisms originate in other worlds in conditions of comparable severity ?

有机体有可能在环境相对险恶的其他世界里诞生吗？

在太阳系之外存在着某种生命形式。有专家认为，至少在距离太阳 100 光年以内、围绕恒星运行的少数类地行星上生命是存在的。无论这些猜想是积极的还是消极的，其存在的直接证据将很快被发现，或许就在一二十年内。证据将通过测定母星的光穿过行星大气层时的光谱获得。如果从中分析出“生物信号”（biosignature）—— 一种只有有机体才能产生的气体分子，或者发现其存在量远比无生物气体丰富，外星生命的存在就不再是一个理论上严谨的假说，而是变得非常有可能了。

作为一名生物多样性领域的研究人员，以及作为一个天生的乐天派，我相信地球的历史本身就可以为地外生物学说增添可信度。随着地球环境变得更加适宜，生物总量也在急剧增加。我们的星球大约诞生于 45.4 亿年前。在地球表面环境变得稍稍适宜后，即在 1 亿 ~2 亿年之间，微生物很快就出现了。从不适宜到适宜的过程对人类而言，就像永恒一样漫长，但对将近 140 亿年的银河系历史来说，这就是一夜之间的事情。

我需要承认，地球的生命起源只是广袤宇宙中的一个基线。但是，那些使用越发复杂的技术专注于探索外星生命的天体生物学家认为，我们所处的银河系中有少数、甚至是大量行星拥有与地球相似的生物基因。它们所需的条件是行星上存在水并且处于“宜居带”，即不能离母星太近，热如炙烤，也不能太远，常年冰封。我们还需注意的是，一个行星现在宜居，并不意味着它向来如此。另外，看似贫瘠的表面上也可能存在一部分适合有机物的宜居地。最后，生命也可能起源于不同于组成地球有机体的能源或基因的化学元素。

那么，我们不可避免地会得出这样一个预言：无论外星生命生存的环境如何，无论它是生息于大地还是海洋，抑或在绿洲中苟延残喘，其中一定存在大量的微生物。在地球上，这些有机体，即小到肉眼无法观察的庞大群体，包括大部分原生生物，如变形虫和草履虫、微型真菌和藻类，还有其中最小的细菌、古生菌（外表和细菌相似但基因截然不同）、原生动物（最近才被生物学家发现的非常微小的原生生物）和病毒。为了给你一个大小的概念，你可以想象上万亿个身体细胞的其中一个细胞、一只变形虫或者单细胞藻类是一座小型城市，一个典型的细菌或者古生菌就是一个足球场的大小，而病毒则和足球差不多。

地球上的微生物群是极其顽强的，能够占据看似危险地带的栖息地。如果有一名外星天文学家在扫描地球，那他可能不会发现生长在海底超过沸点的翻滚岩浆中的细菌，或者在 pH 值与硫酸接近的矿井涌水中存在的细菌；他也无法发现近似火星表面的南极洲麦克默多干谷中丰富的微生物有机体，这里可是除极地冰盖之外地球上最不宜居的地方；他也不会注意到耐辐射奇球菌，一种地球上的细菌，极其耐辐射，以至于在辐射状况下，承载它的培养皿在最后一个细胞死去之前就变色裂开了。

太阳系中的其他行星有可能孕育这些地球生物学家口中的“极端微生物”吗？在火星上，早期海洋可能孕育了生命并使它们在深层地下水中幸存至今。这样的情况在地球上也可能存在。高级洞穴生态系统充斥在所有大陆上，这样的生态系统至少包括微生物，大部分都包括昆虫、蜘蛛，甚至鱼类。它们无论是生理结构还是行为模式都适应了完全黑暗且贫瘠的生存环境。更令人印象深刻的是黏质物，它们从地表附近沿着土壤和岩石的缝隙向内延伸，最深蔓延达 1.4 公里，其中包含从岩石的新陈代谢中汲取营养的细菌。以黏质物为食的是最近发现的地底线虫的新品种，一种在地上随处可见的小虫子。

除了火星之外，我们还可以到太阳系其他地方寻找有机体，至少是那些包括被我们称作“极端微生物”的生态系统中寻找。在土卫二或冥王星的卫星上的冰泉附近，或底下的小岛上寻找微生物都是很有道理的。当机会来临时，我认为我们应当调查木星各个卫星上存在的海洋。所有卫星上的景象都是冰封万里，它们的表面可能是寒冷荒凉的，但在一定的深度下面，都应该足够温暖去孕育液态有机体。只要有心，我们终将钻开冰层到达水层，就像现在科学家在南极东方冰湖那几百万年来一直存在的冰盖上进行的探索一样。

终有一天，可能是在21世纪内，我们，或者更可能是我们的机器人，会去这些地方寻找生命。我相信我们必须且一定会去，因为人类的精神集体若失去了可开拓的前线便会枯萎。对于远征和历险的渴望是刻在我们的基因里的。

那些不断向外开拓的天文学家和生物学家的最终命运肯定是要奔向宇宙的远方，远到我们难以理解的程度，奔向那些可能孕育生命的行星。由于深层太空是透光的，所以寻找外星生命并不是空谈。在2013年之前，在开普勒太空望远镜和其他太空望远镜，以及最强大的对地望远镜搜集的大量数据中，我们还只是可以找到潜在的目标。而到 2013 年中期，我们已经探测到了大约 900 个太阳系外行星，而在不久的将来，预计还会有上千颗行星被发现。

最近的一个推测预计（推测法的运用在科学中是有风险的），有 1/5 的恒星周围围绕着和地球同等大小的行星。事实上，我们目前为止探测到的最常见规模的星系，往往包括大小是地球两到三倍、重力与地球相似的行星。那么，这个事实告诉了我们有关外太空中潜在生命的什么信息呢？首先，我们估计距离太阳 10 光年的距离内存在 10 个各种各样的恒星，而 100 光年内有 15 000 个，250 光年内有 260 000 个。将地球生命地质年代的生命起源作为线索，那么我们得出的距离太阳 100 光年内孕育生命的行星存在的总数有几十到上百这个结论是合乎情理的。

哪怕是发现最简单形式的外星生命，对于人类历史来说都是质的飞跃。对人类自身来说，这种发现可以确定人类在宇宙中的地位在形式上是极其卑微的，而在成就上又是极其伟大的。

假设这样的有机体在太阳系随处可见，科学家将极其渴望去解读外星微生物的基因序列。这一步可以借助机器人来实现，省去了将有机体带回地球的麻烦。这将揭示有关生命基因序列的两个相对立的猜测中哪一个才是正确的。一方面，如果外星微生物的基因序列和地球上的不同，那么它们在分子生物学级别上就有着明显的区别。而如果这件事情发生了，就意味着全新的生物学学科的诞生。我们不得不得出这样一个结论：地球上存在的基因序列可能是全宇宙中唯一的一种，并且其他星系的基因序列因适应环境而诞生的方式，和地球生物完全不同。另一方面，如果外星生物的基因序列和地球有机体的基本相同，那么这就提示（还不算证明）了无论在何处，生命只能起源于和地球相同的唯一一种基因序列。

另一种假设是，一些有机体在冬眠状态下度过了几千甚至上百万年，以某种方法躲过了宇宙射线的辐射和太阳高能粒子的热浪，实现了星际远航。微生物的行星际、甚至恒星际旅行，即所谓的“泛生论”，听起来就像科幻小说，我刚开始接触它的时候还有点畏缩，但我知道我们至少应该把它看作一种可能。我们对于那数量庞大的细菌、古生菌和病毒知道的少之又少，以至于对太阳系内或系外存在的适应进化的极端状况妄加揣测。事实上，我们现在知道一些地球上的细菌正准备成为太空旅行者，即使至今（可能）还没有成功的。大量的细菌生存在海拔6 000~10 000 米的大气层的中上层。有关于它们是在空中繁衍生息，还是暂时被气流从地表带到了那里的问题还有待考察。

现在可能是时候在地球大气层不同高度撒网去捕捉那些微生物了。这种网应该由上好的薄膜组成，由卫星牵引，覆盖几十亿立方千米的太空，还可以折叠起来回收分析。这样的太空突袭可能会给我们带来惊喜的结果：即使是地球细菌中最新的、异常的物种都可以忍受最恶劣的环境；或者，根本不存在这样的物种。无论得到哪种结果，这一突袭都是值得的。这会帮助我们找到宇宙生物学领域两个关键问题的答案：目前地球上的生物可以生存的最极端的环境是什么？有机体有可能在环境相对险恶的其他地方诞生吗？

10

外星人的肖像

THE

MEANING OF

HUMAN EXISTENCE

If E.T.s know of Earth's existence at all, will they choose to colonize it ?

如果外星智慧生物知道地球的存在，
他们会将地球开拓为殖民地吗?

10

外星人的肖像

接下来，我将要讲述的一切都是推测，但又不仅仅是推测。通过对地球上大量物种和地理学历史的研究，然后将其扩展到其他星球上可能合理存在的同等生物上，我们可以对外星智慧生物的外表和行为进行一个粗略的速写。看到这里，请你们先不要弃我而去，也请不要对这种方法嗤之以鼻。相反，不妨围绕这一主题展开一场科学游戏，在这个游戏里，规则会不断改变以适应新的环境。这个游戏值得一玩。尽管事实上从长期来看，联系到发展至人类智慧水平或者更高等的外星生物的概率低到可以忽略不计，但作为游戏的回报，我们可以得到一个关于人类物种来龙去脉更清晰的图像。

谈到外星人，人们往往会以为这不过是好莱坞电影的题材，并且很容易想到《星球大战》创造出来的噩梦般的怪物，或是《星际迷航》中美国朋克装扮的演员。毕竟，我们是这样认识有关外星微生物的：在宽泛的概念下想象与地球上的细菌、古生菌、病毒同时代的原始生物的存在。然后科学家可能会很快找到这些微生物在其他星球上存在的证据。而想象与人类同等智慧水平或更高水平的外星智慧生物的起源则是另一件完全不同的事。关于进化最复杂的部分在地球上只发生过一次，而后，只有在经历了超过 6 亿年进化后，动物物种生命才产生了巨大的多样性。

动物在进化到像人类这样的智能程度之前，必须先经过一个建立巢穴的步骤，以此作为屏障，并且还要发展出分工合作、互惠互利的生活模式。但在整个生物史上，只有 20 种动物达到了这个阶段，实现了复杂的社会分工。其中，3 种达到这一最终初步水平的物种是哺乳动物，更确切地说是两个物种：非洲鼹鼠和智人，后者是非洲猿人的一个分支。20 种在社会组织方面高度成功的物种中有 14 种是昆虫，剩下 3 种是在珊瑚中居住的海虾。没有任何一种非人的动物拥有足够大的身体，因此它们潜在的脑容量也不够大，而这是进化出高级智慧生物所必需的。

从古人类到智人的发展，是我们遇到的独特的机会和格外的好运气相结合的结果。事实上，我们当初很有可能到不了这个程度。自从人猿分离以来的 600 万年中，如果所有与现代物种直接相关的物种都发生灭绝，那么下一个达到人类智慧水平的物种的出现还需要上亿年的时间。考虑到地质学上每个哺乳动物物种平均有 50 万年的进化历史，这是一个可怕的可能性。

在太阳系之外，也必须具备这些条件才可能有生命诞生，所以外星智慧生物的存在是难以置信的，事实上也是稀少的。考虑到这种情况，假设外星生命确实存在，那么在离地球多远的地方可能发展出人类或更高智慧水平的外星生物，就是一个合理且值得思考的问题了。请允许我进行一个有根据的猜测。首先，数以千计的大型陆生动物物种在过去的 4 亿年中在地球上蓬勃发展，这其中除了自发进化外别无他物。其次，尽管有 20% 或更多的恒星系统有可能被类地行星环绕，但只有其中很小的一部分可能存在液态水并拥有“金发轨道”（提醒：不要距离恒星太近以防被炙烤，也不要太远以防长期低温）。

无可否认，这些证据微不足道，但它们给了足够的理由使我们怀疑，高等智慧生物在距太阳 10 光年内的 10 个恒星系统内是否已经进化出来。这里存在一个虽然微小但无法确认的可能性，即进化发生在距离太阳 100 光年，半径涵盖 15 000 个星系的地方。在 250 光年（涵盖 260 000 个星系）的范围内，这一概率戏剧性地提升了。这一距离使不确定性和微小的可能性变成了很有可能。

就像许多科幻小说作者和宇航员所设想的那样，我们也可以认为拥有高度文明的外星生物确实存在，即使我们之间存在几乎无法理解的距离。那他们可能是什么样子的呢？请允许我进行第二个有根据的猜测。我们把进化以及遗传的人类天性的特殊属性和已知的数以百万计的其他物种，通过它们在地球生物多样性中的适应和调整结合起来，我相信，创造一个生活在类地星球上的、与人类智慧水平相当的外星人的假设肖像是可能的。这个肖像虽然可能非常粗糙，却是符合逻辑的。

从根本上说，外星智慧生物是陆地生物，而不是水生生物。在生物进化到人类智慧文明之前的最后的上升过程中，他们一定已经在有控制地使用火或其他易于运输的高能量源，以便在最初阶段发展技术。

外星智慧生物应是体型相对较大的动物。从地球上最聪明的陆生动物判断，按降序排序，它们分别是猴子、猩猩、大象、猪和狗，生活在与地球同等质量或质量接近行星上的外星智慧生物应该从体重 10kg ~ 100kg 的祖先进化而来。物种间较小的身体意味着平均较小的大脑，也伴随着更差的记忆储存能力和更低的智力水平。只有大型的动物才拥有足够的神经组织，因而也更加聪明。

外星智慧生物在生理上应具有视听功能。正如人类自己，外星智慧生物先进的技术使得他们能够在电磁波谱的广泛扇区内以不同频率交换信息。但一般而言，他们和我们一样，都是通过采用一部分狭窄的光谱产生的视觉，以及由空气压力波产生的听觉进行思考或交谈。二者对于快速的交流而言都是必要的。外星智慧生物独立的视觉，可能使他们可以以蝴蝶的方式利用紫外线看待这个世界，或可以看到其他在人类感知到的光波频率之外尚未被命名的原始色彩。他们的听觉交流也许可以被我们立即感知到，但是也很有可能使用正如螽斯或其他很多昆虫的过高音调，或者使用如大象般低沉的音调。

在外星智慧生物赖以生存的微生物世界，以及大部分可能的动物世界，大多数交流是通过分泌携带信息的、具有不同气味和味道的信息素完成的。但是，外星智慧生物使用这种方式的频率应该比我们更低。尽管通过有控制地释放气体来传递复杂信息在理论上是可能的，但频率和幅度调制要求创造出一种跨越幅度较小的语言。

最后，外星智慧生物有可能理解面部表情或肢体语言吗？当然。那思想波呢？不好意思，除了神经生物学技术之外，我没有看到任何思想波存在的可能性。

外星智慧生物的头应体积较大并且位于前端。地球上所有陆生动物的身体都是以某种角度延伸的，大部分两侧对称，身体左右两侧互为镜像。所有陆生动物的头部都拥有接受主要感觉输入、快速扫描和整合并采取行动的大脑。外星智慧生物应该也是一样。他们的头部和身体其他部位相比也是相对较大的，拥有存储海量记忆的特殊腔室。

外星智慧生物应该拥有中等大小的下颚和牙齿。在地球上，沉重的下颌骨和巨大的牙齿是依赖粗糙植被为食的象征。獠牙和角意味着对天敌的防御或是与同物种雄性的竞争，又或者二者兼有。在进化的上升过程中，几乎可以确定的是，外星智慧生物的祖先赖以为生的是合作和策略，而不是蛮力和战斗。他们也很可能是杂食性的，正如人类一样。只有丰富的、高能量的肉类和蔬菜食谱可以产出大量人口所需的海量食物，为最后的进化做好准备。在人类社会中，这一变化与农业、村庄和新石器革命时期制造的其他装备是同时产生的。

外星智慧生物可能拥有高度发达的社会智力。所有的社会性昆虫（蚂蚁、蜜蜂、黄蜂、白蚁）和大部分智慧哺乳动物都生活在成员稳定，同时存在竞争和合作关系的群体中。适应一个复杂且快速变动的社会网络给了群体和组成群体的个体成员以进化优势。

外星智慧生物拥有少数可以自由运动的附属肢体，这些附属物通过坚硬的内部或外部骨架组成的铰链获得了杠杆作用下的最大力量（正如人类的肘部和膝盖），并且至少拥有一对用于敏感触摸和抓取的结构。自从4亿年前最初的肉鳍鱼类出现在地球上开始，所有的后代都拥有四肢，从青蛙、蝾到鸟和哺乳动物。进一步讲，地球上最成功和最丰富的陆生无脊椎动物无疑是昆虫，它们大多拥有6个运动器官，蜘蛛则拥有8个。少部分附属肢体看上去相当不错。此外，只有黑猩猩和人类发明了人工产品，并根据不同的文化在本质和设计上实现了诸多变化。之所以可以做到这一点，都是因为具备多功能的柔软手指。我们很难想象任何一个用喙、爪子和刮具建造的文明。

外星智慧生物应该是道德化的。基于某种程度的自我牺牲形成的群体成员之间的合作，是地球上高度社会化的物种之间的法则。这起源于在个体和群体两个水平上的自然选择，尤其是后者。外星智慧生物也会具有这种天生的道德倾向吗？他们会把这种倾向扩展到其他生命形式，正如我们在生物多样性保护方面所做的那样吗（尽管不完美）？如果他们早期进化的推动力和我们是相似的，我相信他们将基于本能拥有相对道德的生活准则。

可能你已经发现了，迄今为止，我试图设想的都仅仅是处在文明开端的外星智慧生物。这相当于一幅新石器时代的人类肖像。在这一时期之后，人类物种将以文化进化的方式生存，经过上万年之后，从分散的村庄文明雏形进化到了如今的技术科学全球社区。仅仅靠侥幸，不仅是几千年前，甚至是几千万年前，外星文明很可能实现了同样的飞跃。既然已经拥有与我们相同的智力，甚至更高，那么他们有没有可能早已设计了遗传密码来改变自己的生物学特征？有没有扩充他们的个人记忆能力，并在减少旧情绪的同时发展出新的情绪，从而为他们的科学和艺术新增无限的创造力？

我认为不会。人类也不会如此，除了修正致病突变基因。我想，改造人类的大脑和感觉系统对于我们这个物种的生存是不必要的，甚至在某种意义上看来是自我毁灭的做法。在我们已经可以通过几个按键获得所有的文化知识之后，在我们已经发明了可以在思想和行动上胜过机器人之后，又有什么可以留给人类自身呢？这里只有一个答案：我们将选择保留目前已经存在的、凌乱的、自相矛盾的、充满内部冲突和拥有无尽创造力的人类思想。这是真正的创造，在我们意识到其本身的存在或是了解它的意义之前，在实现移动打印和太空旅行之前，我们就被赋予了这样的天资。我们之中将存在保守派，选择不再发明一种嫁接在我们脆弱的、不稳定的旧思想上，或取而代之的新思维。而且我发现，相信聪明的外星智慧生物拥有同样的原因是令人欣慰的，不管他们在哪里。

最后，如果外星智慧生物知道地球的存在，他们会选择将地球开拓为殖民地吗？理论上讲，在过去的数百万年或数亿年中，这似乎是随时有可能出现并且是可预期的。假设自从地球的古生代起，一个外星征服种族在我们的临近星系出现。像我们一样，他们一开始也是被侵入所有可以到达的宜居世界的冲动所驱使的。我们假设这种向往宇宙生存空间的驱动力源于上亿年前的一个古老星系，那些智慧生物从发射到成功到达第一个宜居世界花了上万年时间。从那里开始，伴随着技术的完善，殖民者又花费了上万年，致力于推出足够的舰队以占领另外 10 个行星。以这种指数级增长的速度持续至今，那么这种霸权应该早就统治了银河系的大部分地区。

我将要给你一些充分的理由来解释为什么“银河征服”从未发生，甚至从未开始，以及为什么我们可怜的星球尚未也永远不会被殖民化。地球已经被无菌机器人探测器访问的微弱可能性确实存在，或是在遥远的将来有可能被访问，但是这些访问将不会伴随它们的有机创造者。所有的外星智慧生物拥有其致命的弱点。他们的身体几乎肯定会携带微生物组，这些共生微生物的整个生态系统正如我们的身体赖以为生的那些。

这些外星入侵者也会被迫携带农作物、藻类或是其他可以收集能量的有机物，至少是可以提供食物的合成有机体。他们也将提出正确的假设：地球上任何一个动物、植物、菌类和微生物的本土物种对他们和他们的共生物来讲都可能是致命的。因为我们和他们生活的两个世界在起源、分子机制、产生生命形式而后通过殖民汇集的无尽的进化方式上存在着根本性区别。外星世界的生态系统和物种可能与我们的完全不兼容。

结果可能是一场生物世界的严重事故。首先毁灭的将是外星入侵者。人类和地球上所有的动植物，这些地球上的本土居民适应得如此良好，将只会受到微小的、局部的影响。星球之间的冲突将不同于澳大利亚和非洲之间或是北美和南美之间动植物物种之间的交流。确实，最近由人类物种所引发的洲际物种混合给当地的生态系统带去了巨大的破坏。

许多殖民者是作为入侵物种存在的，尤其是在被人类破坏的栖息地。有些入侵物种甚至会设法使当地的物种灭绝。但比起外星智慧生物因为不适应地球环境所遭受的严重后果来说，这并不算什么。为了把一个宜居星球殖民化，外星人将首先消灭星球上的所有生命，包括微生物。无论如何，在“家里”多留几十亿年才是更好的选择。

这也为我们提供了另外的原因，可以使我们这个脆弱的星球对天外来客无所畏惧的。外星智慧生物足够聪明，在探索太空的同时他们也能够理解生物殖民固有的野蛮而致命的风险。他们将会意识到：为了避免种族灭绝或使自己的星球恶化到难以忍受的地步，他们在星际旅行前就必须拥有可持续发展和稳定的政治系统。他们可能已经选择了探索其他适合生命生存的星球，非常谨慎地使用机器人，但是并不会实施侵略。他们并不需要如此，除非他们的星球家园即将毁灭。然而，如果外星智慧生物确实已经发展出星际旅行的能力，也将发展出防止星球毁灭的能力。

如今，我们之中的太空爱好者相信，人类可以在“使用”完一个星球之后移民到另一个星球。他们应该留意那些我认为对于我们和外星智慧生物而言通用的原则：只存在一个适宜居住的行星，因此对物种来说只有一个永生的机会。

11

生物多样性的崩塌

How can we care for species composing Earth’s living environment if we don’t even know the great majority of them ?

如果我们都不了解地球生存环境中的大部分物种，
又如何关心它们呢?

11
生物多样性的崩塌

这个行星上有着丰富多彩的生命，也就是我们今天看到的生物多样性。我们可以把生物多样性看作一个悖论，这个悖论包含的主要矛盾是:人类在消灭越多物种的同时，科学家发现的物种也越多。但是，正像融化印加黄金的征服者一样，人类已经认识到这种伟大的宝藏必将消耗殆尽，并且这样悲惨的结局将很快发生。这样的认识带来了如下困境：人类是否要为了后代的福祉而停止这种破坏，或者相反，仅仅为了满足眼下的需求而继续改变地球。如果我们选择了后者，地球将鲁莽地、不可逆地进入被一些人称作“人类世”(anthropocene)的新时代，这是一个除了人类以外，其他所有物种都是人类的附属品的时代。我更愿意把这种悲惨的未来称作“孤独世代”(Eremocene)，也就是“寂寞时期”(Age of Loneliness)。

除了人类之外，科学家将生物多样性划分为三个层次。第一层次是生态系统，包括草地、湖泊、珊瑚礁等；第二层次是构成每个生态系统的物种；最后一个层次则是构成每个物种的独特性状的基因。

一个用来衡量生物多样性的简便测量工具是物种数量。当1758年卡尔·林奈（Carl Linnaeus）开始使用沿用至今的正式的分类学方法进行分类时，他在全世界鉴别出了大约20 000个不同的物种。当时他认为，这个数量可能已经囊括了世界上大多数甚至是全部的动物种群和植物种群。截至2009年，根据澳大利亚生物资源研究，全世界动物种群和植物种群的数目已经增长到190万种。到2013年，这一数目可能增长至200万种。然而，这仍然仅仅是应用林奈分类学的早期阶段。即使是在最近的数量级上，自然界物种的具体数目也是未知的。如果加上那些仍未发现的无脊椎动物、菌类和微生物，对自然界物种数目的估计将发生很大的变化：估值将由500万上升到1亿。

简单来说，地球仍然是一个几乎不被人们了解的星球。绘制生物多样性图谱的进展仍然十分缓慢。新的物种不断在实验室和博物馆中涌现出来，但是它们仅仅在以每年20万种的速度被发现和命名。到目前为止，我已经发现和命名了世界各地的大约450种新的蚂蚁物种。照这样下去，我保守估计地球上仍然有500万新的物种等待我们分类鉴别，直到23世纪中叶，我们才能完成所有的鉴别工作。这样蜗牛般的速度可以说是生物科学领域的耻辱。这一现象的出现建立在这样一种错误的认知基础上：分类学是生物学中已经完成且已过时的部分，这导致这一非常重要的学科已经被大幅度排挤出了学术界，并降低到了自然历史博物馆的层次。这一学科在受排挤中变得边缘化，不得不因缺少资金缩减相关的研究项目。

对生物多样性的探索在企业界和医疗界很少有支持者，这是一个严重的错误，最终将导致科学事业的重大损失。事实上，分类学家所做的远远多于给物种命名，他们也是生物特征方面的专家，是最基本的研究者。对他们来说，我们必须转向自己生活中未知的部分，包括主宰世界的群体，如线虫、螨虫、昆虫、蜘蛛、桡足、藻类、草类和其他有机物，而这些也是我们生活中赖以为生的东西。

一个生态系统中的动物种群和植物种群并不仅仅是物种的集合，同时也是一个充满了交互作用的复杂系统。特定条件下，任何物种的消失都可能对整体生态系统产生深远的影响。环境科学中有一个难以忽视的真相是，一个生态系统通常是由数千种物种构成的，如果人类在不了解这些物种的情况下，以人为的方式加以干预，就会使得这个系统无法持续下去。因此，对于生态学来说，来自分类学和生物学研究的认识是不可或缺的，正如解剖学和生理学对于医学而言的重要性一样。

另外，科学家很容易在判断哪些物种可能会成为“关键”物种，也就是整个生态系统依赖的那些物种上发生失误。现存的最有说服力的关键物种可能是海獭，居住在阿拉斯加至南加利福尼亚海岸的一种体型与猫相当的黄鼠狼的近亲物种。由于海獭奢华的皮毛在人类看来十分珍贵，19 世纪末期，海獭因被过度捕猎近乎灭绝，这一变化带来了灾难性的生态后果。

海獭以海胆为食，而这些带刺的无脊椎动物会大量食用海藻。当海獭被从这一生态系统中移除的时候，海胆数目出现了爆炸式增长，大片大片的海底生态系统退化，呈现出被称为“海胆荒漠”的荒漠化外表。海藻林几乎消失殆尽，原本生存在海底的黑压压的藻类植物上浮到海水表面，而海水表面是大量浅水海洋生物的栖息地，也是很多其他深水生物的托儿所。当海獭得到保护，族群恢复之后，海胆数目大量减少，海藻林又重现了往日生机盎然的景象。

在不了解地球上大部分物种的情况下，我们又如何关心它们呢？生物保护学家认为，大部分物种在被发现之前就会消亡。哪怕仅就经济角度考虑，物种灭绝带来的机会成本也非常巨大。仅仅是对一小部分野生物种的研究已经在改善人类的生活质量上产生了重大进展，比如充足的药物、新的生物技术以及农业方面的进展。如果不是某些种类的真菌，就不会有抗生素的诞生；如果没有可供农业选择育种技术使用的拥有可食用茎、果实和种子的野生植物，就不会有城市，也就不会产生文明；没有狼就没有狗；没有野生禽类就没有小鸡；如果没有马或者骆驼，就不会出现除了人力交通工具和人力背包之外的陆路旅行；如果没有森林来净化水源并且持续不断地提供洁净的水源，就不会有除了低产旱地作物之外的农业；没有野生植物和浮游生物，就没有足够的可供呼吸的空气。最终我们可以得出结论，没有自然界，就没有人类。

简单来说，人类对生物多样性的影响也是对我们自身的攻击。这是人类摧毁的那些生物总量带来的盲目力量的反击。造成威胁的主要因素可以被概括为首字母缩略词 HIPPO，从左到右的相关性依次递减。不仅在这个缩略词中是这样，在世界上的大多数地方也是这样。

栖息地丧失（H, Habitat loss），这是至今为止对生物多样性威胁最大的因素。栖息地丧失指的是由于采伐森林、开垦草地，以及从我们所有过激行为和气候变化中所导致的动植物栖息地缩减的现象。

物种入侵（I, Invasive species），对人或环境甚至对二者都造成损害的外来物种会引起全球范围内的大灾害。在统计过的多个国家中，入侵物种的种类和数量都在呈指数级增长。尽管隔离检疫水平在不断提高，但“移民”物种的涌入速度仍越来越快。南佛罗里达州如今拥有以前从未存在的不同种的鹦鹉（除了现在已经灭绝的卡莱罗纳长尾鹦鹉），还有两种分别来自亚洲和非洲的蟒蛇，这两种蟒蛇与美洲鳄鱼存在食物链顶端的竞争。

夏威夷是美国物种灭绝的中心。与其他州相比，夏威夷有更多的地方性植物、鸟类和昆虫已经消失，消失的速度也更快。这些已消失的物种和亚种在世界其他地方都无法找到。地方性的鸟类已经从 1 000 多年前波利尼西亚人抵达时的约 71 种锐减至现在的 42 种。这些鸟类在两个层面上受到了威胁。一方面，19 世纪蚊子的意外引入使禽痘的传播成为可能。另一方面，当野猪在山地森林中拱来拱去时，将地面搅成了腐烂的淤泥，这些淤泥有利于水塘的形成，这些水塘正是蚊子幼虫的理想栖息地。

在全球范围内，同样带来致命威胁的是一种依靠人类辅助运输的壶菌门真菌蛙壶菌。这是一种蛙类身体上的寄生物，生活在美国热带地区以及非洲地区。有证据表明，这种寄生物会通过放有被感染动物的水族箱传播。蛙壶菌会在皮肤表面扩散，由于蛙类是通过皮肤呼吸的，所以蛙壶菌会导致寄主窒息。据统计，该蛙类物种已经灭绝或者说面临着灭绝的威胁。

如果以上案例还不充分，这里还有一种能够毁灭一整个生态系统的侵入性植物天鹅绒树，学名米氏野牡丹。这是一种美丽的小树，作为装饰树木正在从美国热带地区逐渐向全球蔓延。在波利尼西亚海岛上，米氏野牡丹被证明在未受控制的条件下可以生长到很大的尺寸，并且分布十分密集，以至于将其他所有植物物种和大部分动物从生存空间中挤了出来。

污染（HIPPO 中的第一个 P, Pollution）对鱼类和其他淡水生物造成了很大的伤害。同时，污染也是形成超过 400 个海水缺氧“死亡地带”的元凶，其成因正是因为有从上游农业地区产生的污染水源流入。

人口增长（HIPPO 中的第二个 P, Population growth）实际上是所有其他因素的催化剂。预期 21 世纪末达到峰值的单纯的人口增长并不会带来如此大的破坏力，而来自经济改善时世界人均消费迅速且不可阻挡的上升，最终会给生态系统带来巨大的破坏。

过度捕杀（O, Overharvesting），从 19 世纪 50 年代中期到现在，渔民在远洋捕捞各种鱼类（例如金枪鱼和剑鱼）的渔获量在全球下降的百分比就是过度捕杀最好的说明，下降比例高达 96% ~ 99%。不仅是这些物种变得稀少了，就连捕获的鱼类的体型也变小了。

当然，全球范围内当前确实存在绘制生物多样性地图，以及保护生物多样性的热切努力。海洋生物普查和“生命百科全书计划”已经在互联网上提供了我们目前已知的大部分地球生物物种的信息。新的技术正在以更高的速度和精确性帮助我们发现新的物种，以及鉴定识别那些已经被命名的物种。在这些技术中最值得我们注意的是计算机编码，即通过读取具有高变异性的 DNA 片段来鉴定物种。全球性的保护组织正在尽其所能来降低生物多样性的损失，这些组织包括保护国际基金会、世界野生动物基金会（美国）和国际自然保护联盟，以及大批政府机构和私人组织。

迄今为止，这些努力的效果怎么样呢？ 2010 年，来自世界各地 155 个研究小组的专家组成的团队共同对 25 780 种脊椎动物物种（哺乳动物、鸟类、爬行动物、两栖动物和鱼类）的生存状态进行了评估。评估里对物种现状进行了从安全到极度濒危的等级分类。有 1/5 的物种被发现受到威胁，平均每年有 52

个物种在评级上从濒危下降到灭绝。灭绝率仍然是人类在全球范围内扩张之前的 100 ~ 1 000 倍。据估计，在 2010 年之前做出的保护性努力至少将恶化率降低了 1/5。这是一个巨大的进步，但并不足以稳定地球的生态环境。就如同在致命的流行疾病爆发期间，医学界人士告诉我们，虽然资金不足，但他们已经尽了自己最大的努力，所以只有 80% 的病人会死去，我们会作何感想？

在 21 世纪剩余的时间里，我们必须降低人类对环境所造成的冲击，并减缓生物多样性的下降速度。我们肩负着全部的责任，要帮助人类自己和尽可能多的其他生物物种打破僵局，渡过难关，从而达到永恒而幸福的生存目标。我们的选择将完全成为一个道德上的选择。而可持续存在的实现依赖于目前仍然短缺的知识和还没有被共识化的得体做法。在所有的物种中，只有人类已经把握了生活的现实世界，看到了大自然的美丽，并给个人赋予了价值。人类已经对自己的生活质量有了一定程度的了解，也许现在就是人类给予我们出生并生活于其中的世界同样关注的时候了。

THE MEANING OF HUMAN EXISTENCE

第四部分

心灵的幻像

弗朗西斯·培根指出，人类对自身思想弱点的认识是第一次思想启蒙运动的主要结果。现在，这种认识被科学解释重新定义了。

12
本 能

THE
MEANING OF
HUMAN EXISTENCE

Is Instinct in humans basically the same as instinct in animals ?

人类的本能和动物的本能基本上是相同的吗?

法国作家让·布勒（Jean Bruller，笔名韦科尔）在1952年发表的小说《你应该认识他们》（*You Shall Know Them*）中宣称：“人类的烦恼皆源于我们不知道自己是什么和我们想要成为什么。”在这部分的旅程中，我将回到原地，尝试从普通生物学的角度解释人类为什么如此神秘，然后再扩展这种神秘被揭开的可能性。

人类的心智是逐渐进化而来的，并没有受到迫使它朝着理性或感性发展的外力的作用，而是保持了它固有的样子，即一个依靠理性和感性生存的工具。从某种意义上来说，人类的心智是在数百万种可能性中，经过诸多错综复杂、或慢或快的步骤，才进化成了现在的样子。进化过程中的每一步都是意外，是基因突变和自然选择共同作用的结果。在此前提下，大脑和感觉系统中决定某种性状与功能的基因被保留了下来。慢慢的，人类的基因组合就固定了下来，形成了今天的样子。在进化过程中的每一个阶段，我们的基因都有很大的可能朝别的方向发展，从而进化出一种截然不同的感觉系统。可以说，只要这种过程中有一个步骤出现偏差，我们就不会成为今天的样子。

人类作为感性和理性的结合体，只是我们可以想象到的诸多结果之一。这个过程是自发的,原本的形式也可能非常多样化，而且也都可以发展出与人类相当的大脑和感觉系统，只不过现在这种人类形式率先发展了出来。

人类的自我形象一直受到各种根深蒂固的偏见和误解的歪曲。这些歪曲正是由400年前伟大的哲学家弗朗西斯·培根所指出的：由偏见和误解所造就的“幻象”。人类之所以会产生这些“幻象”，并非是偶然因素作用的结果，而是人类心智发展的普遍性的必然结果。

人类的心智概念多年来一直模糊不清。比如，直到20世纪70年代，社会科学家的研究仍然集中在人文科学领域。当时盛行的观点是，人类行为主要是受到文化的影响，而与生物特性无关。极端主义者甚至声称，根本不存在本能和人性。到20世纪末，科学家们开始用生物学来解释人类的行为。到了今天，人们则普遍相信人类行为很大程度上是由基因决定的，他们也相信本能和人性是真实存在的，只是这两个因素各自的影响有多深、力量有多大，目前还没有定论。

事实证明，以上每种观点都是对错参半的，至少就那些极端言论而言是这样。而这种经常被称之为先天与教养之争的困局可以运用人类本能的现代概念得以解决，这个概念在下文中有具体论述。

人类的本能和动物基本相同。但是人类的行为并不像动物那样，单纯受到基因的控制，从而保持着千篇一律的模式。动物行为的一个经典的教科书式案例是雄性三刺鱼（three-spined stickleback）捍卫领地的行为。三刺鱼主要生活在北半球淡水水域以及海洋中。在繁殖季节，每条雄性三刺鱼都会占据一块地盘，对其他雄鱼展开防御。处于繁殖期的雄性三刺鱼的下腹部会变为亮红色，因此，每块地盘上的雄性三刺鱼都会攻击其他任何进入它的领地且有红色腹部的鱼。事实上，这种反应的促发对象甚至比“其他鱼类”的意味更加简单。就算雄性三刺鱼看到的不是真的鱼，防御反应也会被激活。它相对较小的大脑就像是被设定为直接对红色腹部起反应。当研究人员把木头雕成一个类似圆形的物体或者其他形状，且把它们涂成红色时，这些模型也被雄性三刺鱼攻击了。

我曾经从西印度群岛的多个岛上带回了一些变色蜥蜴在实验室养着，用于研究它们捍卫领地的表现。这种拇指大的变色蜥蜴主要生活在乔木和灌木上，岛上几乎随处可见，以昆虫、蜘蛛以及其他小型无脊椎动物为食。这种变色蜥蜴的颈部有一块垂下来的皮肤，又叫“垂肉”。雄性蜥蜴想要威胁敌人时，就会张开这块垂肉。每种蜥蜴的垂肉的颜色都不尽相同，通常会是红色、黄色或白色。同种雄性蜥蜴只对特定颜色产生反应。在研究过程中我发现，只需要一只雄性变色蜥蜴就可以观察它们展开领地防御时的垂肉的变化反应。我只需要用一个镜子对着玻璃饲养器，里面的雄性蜥蜴自然就会将自己的镜像当作敌人展开攻击。当然，战局只能是每次都会打成平局。

母海龟从海里爬出来，是为了将可以孵化出幼海龟的海龟蛋埋在沙滩上的沙子中。每个幼海龟在破蛋而出之后会立即爬进海里，并在海里度过余生。在这一过程中，吸引这些新生海龟爬向大海的不是与众不同的视野以及水边散发的气味，而是从水面反射出的更亮的光线。当实验者在沙滩附近人为设置更亮的光源时，幼海龟就会追随这束光行动，哪怕这束光背离大海的方向。

人类和其他有丰富智力的哺乳动物也受到关键遗传刺激及本能的指引，但这种指引不是完全死板的，抑或像低等动物一样头脑简单。相反，人们尤其受到心理学家称为“预先学习”（Prepared Learning）的机制的支配。人们通过遗传获得的是学习一种或多种行为的可能性。无论在哪一种文化中，人们都会有一些偏颇行为，尽管这些行为看起来不太理性，而且当事人其实有很多机会做出其他选择。

我有蜘蛛恐惧症，几经尝试，还是不敢触摸那些挂在网上的大蜘蛛。尽管我知道它不会咬我，即使被它咬了也不会中毒。之所以怀有这种无理由的恐惧，源于我 8 岁时的一次体验，我被一只“鬼蛛属”的十字园蛛的动作吓坏了。当时那只蜘蛛正平静地挂在自己织的网上，我想办法靠了过去，想仔细查看一番，但它突然动了一下，吓了我一大跳。现在，虽然我已经知道了这种蜘蛛的学名以及它的很多生物学特性（我也应该知道，因为我已经在哈佛大学比较动物学博物馆担任昆虫馆馆长多年），但是仍然不敢去触摸那些挂在网上的蜘蛛。

这种强烈厌恶有时候会演变为恐惧症，具体症状表现为恐慌、恶心以及无法对恐惧对象进行理性思考。我对蜘蛛的恐惧还是轻微的，除此之外，我还有另外一种真正的恐惧症，那就是在任何情况下我都无法容忍自己的双手被缚住，以及脸部被遮盖。这种恐惧症也源自我 8 岁时的一次经历，也就是遇见蜘蛛的那一年。那时我做了一个可怕的眼部手术。当时的医生以

19 世纪的方式，让我仰卧在手术台上并给我注射了麻药，期间没有给我任何解释。我的双手被固定住，脸上被盖了一块布，那时我的内心深处一直有个声音在告诉我："我再也不要经历这样的体验。"直到今天，我还是时不时会想，如果有一个抢劫者拿枪抵着我，还要把我的手捆起来，用头巾把我的脸盖上，我应该会对他说："不，不要这样。你还是一枪打死我吧。"我宁可死也不愿意被绑起来还要被蒙上脸。

治愈恐惧症要花很长时间以及经历很多疗程。但是就像我一样，许多人只要有过一次恐惧的经历，就会产生这样的问题。正如很多人看到地板上出现蠕动的物体之后，就会对蛇十分恐惧。

这种习得的"过度学习"是怎么进化而来的呢？线索在引起人们的恐惧症的物体身上。人们大多都恐惧蜘蛛、蛇、狼、流水、封闭空间以及陌生人群等，这些都是古人类以及狩猎采集者千万年来所遇到的最原始的危险。他们在极其逼仄的峡谷中狩猎捕食时，不小心踩到毒蛇以及被敌方部落的突袭队绊倒的时候，就会受伤或死亡。所以，对他们来说，最安全的方法就是学会快速学习，长久并形象地记住这些可能引发受伤或死亡的重大事件，并且在不经过理性思考的前提下就采取行动。

相比之下，车祸、刀伤、枪伤以及过度食用食用盐和糖位列现今导致人类死亡的头号诱因，而人们还没有进化出可以规避这些危险的本能。这可能是因为进化的时间还不够久，不足以把它们写进人们的基因里。

恐惧症是一个极端的例子，所有通过预先学习获得的行为，都有助于人类祖先更好地适应当时的环境，也是人类本能的一部分。不过，很多行为也会通过文化代代相传。所有的人类社会行为都基于预先学习，但由于它们是通过自然选择进化的结果,所以每种行为的强度不同。举例来说,人类生来就喜欢八卦。我们都很喜欢别人的故事，并且对其中的细节津津乐道。八卦也是我们学习并构建自身社交网络的方式。我们会贪婪地阅读小说和戏剧，却对动物的生活所知甚少，除非它们以某种方式和人类故事产生了关联。于是在人类的故事中，小狗总是喜欢同伴并且向往回家，蝙蝠喜欢沉思，蛇总是鬼鬼祟祟，老鹰则热衷于在广袤的天空中自由飞翔。

爱好音乐也是人类的天性之一，小孩子几乎能立即感受到音乐带来的快感和狂喜，但他们对数学感兴趣总是要发生在长大很久以后。音乐作为一种整合社会和提升人类情绪体验的手段最早是服务于人文科学的，但数学并不是这样。早期人类的心智能力虽然足以用于分析、解释数学运算，但并不喜爱它。

由此可知，只有与自然选择相关的事物才能成为人类的本能喜好。

自然选择的驱动力引导了全世界范围内的社会文化融合。曾经有专家在整理1945年的《人类关系区域档案》(*Human Relation Area Files*)的内容后，发表了一份报告，其中提出了全球各地的文化中具有普遍性的67个项目，包括竞技体育、装饰身体、礼仪规范、家庭聚会、民间传说、葬礼仪式、发型、乱伦禁忌、遗产继承、幽默以及对超自然存在的崇拜等。

我们称之为人性的其实是人类全部的情感以及由这些情感掌控的预先学习状态的总和。一些作者一直在尽力解构人性，并认为它不存在。但其实人性是存在的，它存在于我们的大脑结构中。数十年的研究已经发现，人性并不是决定我们的情感和预先学习状态的基因产物，也不是所有文化中都有的东西，文化只是人性的最终产物。人性是在人类的心智发展过程中，由遗传得来的一些规律性行为，而这些行为又促使了人类的文化朝特定的方向发展，因此，人性是人类基因与文化的结合体。

人们偏爱栖息地的选择，也是预先学习中的一种受到遗传影响的结果。成年人一般都会喜欢他们从小长大、对他们的性格塑造有所影响的环境，可能是山川、海岸、平原，也可能是沙漠，相同的是，这些地方都会让他们感到熟悉和安全。我就最喜欢临近墨西哥湾地区倾斜入海的平原地带，因为我从小在那里长大。

然而，有研究人员对还没完全适应居住地的孩子进行研究时，却得出了不同的结论。在这个研究中，研究人员让参与测试的孩子观看不同居住地的照片，包括茂密的森林、干燥的沙漠，以及其他各种介于这两者之间的多种环境，然后让他们选择想要住在哪里。结果是，这些孩子选择的居住地都具有三种特征：居高临下、可以俯视低处，可以看到下面散布的树木和灌木丛，并且都临近水源（溪流、池塘、湖泊和大海）。

这种环境组合的原型恰好和真实的古人类以及早期人类祖先数百万年前进化而来的非洲热带草原非常相似，使我们不得不怀疑，人类这种对环境的偏好是不是也是一种预先学习的残余？这种“非洲热带草原”的假设正如它的名字一样，完全不是凭空想象。所有能够走动的动物物种，从体型最小的昆虫到大象狮子，都会本能地选择所有它们最适应的栖息地居住。如果没有这样做，它们就不太可能找到配偶和赖以生存的食物，也不知道如何躲避陌生的寄生虫和捕食者。

如今，全球人口都在向城市聚集。运气好的话，他们的生活质量会因居住在超市、学校以及医疗中心附近而得到提高。他们也有更多的机会找到可以养活自己和家庭的工作。但是所有其他条件都均等的情况下，他们是否真的会偏好于选择城市和郊区作为栖息地？城市生态环境的紧张状况以及施加其上的人造环境，使得这个选择的答案很难有定论。所以，为了了解人们实际上的偏好并获取完全自由的答案，我们最好的方法是求助于那些更有钱的人。正如风景建筑师以及高端房地产经理人会告诉你的那样，有钱人更偏好住在居高临下、俯瞰公园绿地、临近水源的栖息地。这些条件都不具有实用价值，但那些有钱人都会不惜一切代价竞相购买。

几年前，我在一个很有名气且富有的朋友家里吃饭，他碰巧坚信人类的大脑是一块白板，并没有所谓的本能这回事儿。而他的家位于一栋豪华大楼的顶楼，可以俯瞰纽约中央公园。当走到阳台上时，我发现阳台外沿排列着一排小型盆栽。我们在那里眺望着远处公园中央的草地和两座人工湖中的其中一座时，都为这样美丽的景象发出了慨叹，那一刻，我特别想问他：“你有没有想过我们为什么会觉得这样的景色很美？”但又想到我是来做客，最终还是没问出口。

13

宗　教

THE MEANING OF HUMAN EXISTENCE

Some problems

can never be solved,

only outgrown.

有些问题永远不会解决，只会越变越大。

13
宗 教

狂喜，“一种过度且甜蜜的喜悦”，正如西班牙伟大的神秘主义者圣·特蕾莎（Saint Teresa）在她1563—1565的日记中描述的那样，可以通过各种各样的方式，如音乐、宗教或致幻剂（如亚马孙河流域用来促进宗教体验的死藤水）实现。神经生物学家已经追踪发现了一些导致音乐上的高峰体验的其中一个成因，即大脑纹状体中的神经递质分子多巴胺的释放。同样的生化奖赏系统，也存在于食物和性传递快乐的关系之中。音乐产生于旧石器时代，鸟骨及象牙长笛可以追溯到30 000多年前，因为音乐在全球狩猎采集社会中的普遍性，我们认为，对于音乐的爱好已经在进化过程中印刻进了人类的大脑中。

几乎在所有的现存社会中，从狩猎采集社会到文明化的城市，都存在一种音乐和宗教之间的亲密关系。基因在规定导致宗教虔诚的神经和生物化学调节物方面，是否与对音乐的作用相似？是的，这方面的证据来自相对年轻的宗教神经科学学科。研究者采用的调查方式包括测量双生子的基因差异在这方面的影响，以及致幻剂在造成与宗教类似的体验方面的影响。此外，研究者还研究了脑部损伤和疾病对个体病人的宗教信仰方面的影响。目前为止，这类研究都显示，宗教可能是人类的本能之一。

宗教作为人文科学的历史与人类历史同样悠久，哲学的主要研究方向之一就是对宗教进行解释。神学中最纯正的、最普遍的宗教形式，其核心问题就是在试图解释上帝的存在，以及上帝与人的关系。对有着虔诚宗教信仰的人来说，他们都会想借由某种形式抵达上帝。有人会依照天主教的化体仪式接近神，有人则会祈求神的指引与降福。大多数人也会期待死后重生，进入一个由已经过世的亲人组成的极乐世界，与他们相聚。神性，简而言之，就是人们希望在现实和超现实之间找到一个桥梁，让他们能够从现实生活进入极乐世界。

在信徒们每一秒有意识的生活中，宗教都扮演了以滋养心灵为主的多重角色。所有的信徒隶属于一个大家庭，他们情同手足，信服于同一个信仰，以换取永生。

对于教徒而言，他们所信的神祇是终极和永恒的领袖。同时，由于神拥有超自然的巨大力量，所以他可以制造出超越人类理解范围的奇迹。在史前以及历史上的大部分时间里，人们都需要借助宗教去解释他们身边出现的很多现象，比如暴雨、洪流、划过长空的闪电和夭折的婴儿，人们会认为是神制造了这些。由于人们倾向于用因果关系来解释事物之间的关系，并由此获得安慰，所以他们心中的神就成了一切事物的因。虽然神所做的事情对人类而言充满了意义，却是我们所不理解的。伴随着科学的起源及发展，越来越多的自然现象已经能够作为由其他可分析的事物造成的结果而被理解，所以人们就不再用各种超自然的力量来作为安慰。但在人们心灵深处的本能的驱使下，仍然会受到宗教和类似宗教的意识形态的影响。

现有的几大宗教教义中，都有一位或几位不朽的神（几位神相互交织形成一个大家族）。这些宗教所提供的各类服务，对于人类的文明而言意义重大。在传教士或祭司的主持下，人们从生到死都有一系列严肃而庄重的仪式需要举行。他们为基本的道德准则和法律赋予神圣的意味，给那些痛苦的人带去安慰，同时还会照顾那些一贫如洗的人。受到这些榜样的启发，信徒们会竭力在任何神的视界里坚持正义的操守。同时，他们主持的教堂也构成了社区生活的中心。人们在世间无所依凭的时候，这些神圣的上帝居所就成了人们对抗不公正和俗世悲剧的最终避难所。也许，正是因为有了宗教和神职人员的存在，人们对于暴政、战争、饥饿和最糟糕的自然灾害才有了一定的忍耐力。

悲剧的是，宗教有时也是无休止和不必要的苦难的源泉。其一，宗教在人们正确理解现实世界中大多数社会问题时造成了障碍；其二，宗教中包含一个源自人性的缺陷，即部落意识（tribalism）。人们之所以对宗教教义深信不疑，多是受到部落意识的驱动，其次才是对性灵的需求。部落的力量远比精神信仰的渴望更强大。人们对作为群体中的成员有着更强大的渴望，而与这个群体的性质是宗教的还是世俗的关系不大。从人生情绪体验的角度来看，人们需要和他们有一定亲缘关系，有共同的语言、道德信仰、地理位置、社会目标以及穿着打扮的同伴联结在一起。这些条件最好全部具备,或者至少有其中两到三种。这样人们才能感到快乐，甚至是维持生存。而恰恰也正是因为这样的部落意识的根基，才造成了好人办坏事，而不是基于宗教的道德准则和人道主义。

不幸的是，一个宗教群体最主要是通过它自己来创造历史，即解释人类如何存在的超自然叙事来定义它自身的。而这个故事也构成了部落制度的核心。不论多么温和或高尚，或者解释得多么微妙，每个宗教的核心信仰都保证上帝偏爱它的信徒胜过其他人。它会教导自己的教徒，说其他宗教信仰的都是错误的神、使用的是错误的礼制、追随的是错误的先知，以及相信的是由幻想编造的创世故事。这些说法从本质上来说都是对其他宗教的歧视，也许只有这样，他们才能满足自身灵魂的需求。

当一个人接受了某种创世论，相信一大堆由其赐予的奇迹，我们便认为他有了信仰。从生物学角度来看，信仰可以作为一种生物为了提升生存率和繁殖率所使用的手段，它是通过部落的成功而锻造的。部落是在与其他部落的竞争中联合起来的，对于部落成员来说，信仰是在部落竞争中获得胜利的关键。尤其是那些善于利用信仰赢得其他成员支持的人，可以借此在部落内取得地位。在旧石器时代，由于频发的部落冲突导致了宗教的出现，直至今日，世界范围内仍时有战乱。在没有浓重宗教色彩的社会里，信仰往往会与意识形态相统一，这时人们就会认为："上帝赞同的是我所持的政治理念，而不是你的，所以我的理念是忠于上帝的。"

宗教信仰给它的信徒提供了一种巨大的心理裨益，给了一种关于他们存在的解释，让他们可以感到被爱、被保护，从而免受其他部落群体成员的伤害，但这些信徒也需要付出一定的代价。在更加原始的社会中，上帝以及他的传教士会要求信徒必须全心服从、信服于本宗教，不能心有疑虑。可以说，这是一场关于灵魂的交易。在进化历史中，这是唯一一种可以使部落成员团结的方式。无论是在战时还是平常都是如此。可以说，宗教给予它的信徒的是一个引以自豪的身份，也赋予了他们行为的正当性，给了他们一个关于生存和死亡的神秘轮回的解释。

在过去的很长时间内，没有一个部落能够在不提供创世论解释其存在的意义的情况下幸存下来。信仰缺失的代价就是部落成员不会尽心尽力为部落服务，并逐渐丧失共同目标。在每个部落的早期历史中，比如犹太基督教的铁器时代，伊斯兰教的 7 世纪，他们的创世论神话都是在很早就确立下来并发挥作用的。创世论一旦确立好，其中的任何部分就都不能扬弃，任何人都不能质疑。如果教义出现偏差，唯一的解决办法就是灵活巧妙地回避或遗忘它，又或者用新的更具竞争性的教义取代它。

很明显，世界上不可能有两个创世论同时为真的情况。所以，已经出现的数千个宗教和教派分支的创世论，实际上都是错误的。很多受过教育的公民都发觉他们自己的信仰实际上是错误的，或者至少在细节上站不住脚。但他们也理解一个道理，据说是由罗马斯多葛学派的哲学家小塞内卡提出的说法，即宗教在凡夫俗子眼中是真实的，在智者的眼中是错误的，在统治者眼里则是有用的。

科学家天生倾向于在发表与宗教有关的任何言论时保持谨慎，即使是在表达质疑的时候。著名的生理学家安东·卡尔森（Anton Carlson）在被问到，他怎么看待1950年由皮乌斯七世宣告的关于圣母玛利亚肉体升天的公告时，卡尔森回答说，因为他不在那里，所以并不能确认，但他可以确定的是，她上升到3万英尺高的时候肯定就昏过去了。

关于宗教的问题既然如此棘手，那么我们是否应该把它忘掉？毕竟世界上大多数人对这些问题都不会深究。事实上，这种忽视是危险的，不管是在短期还是在长期看来都是如此。当前国家间的战事在逐渐减少，这显然源于双方对两败俱伤的毁灭性后果的恐惧，但暴动、叛乱、内战和恐怖主义活动仍十分猖獗，时有大规模杀伤性事件爆发，原因就在于部落意识。部落意识又是通过宗教冲突表现出来的，尤其是那些信仰不同创世论的人之间的冲突。

宗教战争不是异常现象，把信仰特定宗教、教条及信仰类似意识形态的信徒划分为温和派和极端派是错误的。仇恨和暴力的真正成因是信仰与信仰的对抗，即部落制度原始本性的外在表现。信仰正是让好人做出坏事的一个原因。人们不能容忍别人对他们自己、家人、国家或者他们信仰的创世论本身的攻击。比如，在美国大多数地方，人们都可以对宗教议题，如上帝的本质或上帝是否存在等发表看法，但这种讨论仅局限于神学和哲学领域。如果对个人或团体的宗教信仰发表看法，无关其内容荒谬与否，都会遭到禁止。贬低他人信仰的神圣的创世论属于“宗教偏见”，被视为与威胁个人等价。

除此之外，人们的宗教情怀也一直受到信仰的绑架。各个宗教的先知和领袖一直在有意无意地利用人们的宗教情怀，让人们为他们所属的教派服务。人们需要为神祇举行各种典礼、仪式、礼制和祭祀，以换取现世的安稳和永生。作为交换的一部分，神也必须做出正确的道德选择。

美国的开国之父们深刻理解部落宗教冲突的危险。乔治·华盛顿发现，“在人类所有的仇恨中，那些由宗教态度不同导致的冲突似乎是最根深蒂固、最悲惨，并且最应该被反对的”。詹姆斯·麦迪逊也同意这种看法，他注意到的是，宗教战争会导致“血流成河”。约翰·亚当斯则坚持称：“从任何角度来说，美国都不是建立在基督教教义上的。”但美国后来并没有坚持这样的主张。现在的政治家都会向选民表明自己信仰某种宗教，拥有信仰对于政治领导人来说几乎成为必备条件，哪怕他们信仰的是对大多数人来说都很荒谬的宗教，比如米特·罗姆尼（Mitt Romney）信仰的摩门教。此外，美国历任总统也经常听取基督教人士的意见。“上帝之下”（under God）的说法也被引进 1954

年的效忠誓言。直至今天也没有哪个重要的政治候选人敢提议把它剔除。

大多数宗教方面的严肃作家都把人们超越现世、追求生命终极奥义与宗教本身捍卫自己的创世神话的做法混为一谈。他们接受，或者说害怕否认个体神灵的存在，还认为创世论代表了人类在追求救赎和永生时与神明沟通的一种努力。作为知识分子，他们在这个问题上都采取了某种妥协的态度，其中就包括尼布尔学派（Niebuhr）的神学家、论调含糊不清的哲学家、崇拜刘易斯（C.S.Lewis）的文学界人士以及其他在深思熟虑之后还认为世上仍另有他处的人。他们往往对史前历史和人类本能的生物进化缺乏了解，因而也就无法对这个重要的问题有清楚的认识。

这些人都面临一个无法解决的问题，即伟大而矛盾的19世纪丹麦哲学家索伦·克尔凯郭尔称之为“绝对困境”（Absolute Paradox）的问题。他说，基督教施加在信徒身上的教义不仅是不可能的、无法理解的，而且也是荒谬的。荒谬之处在于真理的存在，上帝出现，神的诞生、长大并且变得和人一样都是由教义说明的。尽管基督教宣称这是真的，但我们还是难以理解上帝为什么要以基督的身份在人间经受苦难。

这种绝对困境在每个寻求肉体和灵魂的答案的宗教人士身上都会产生撕裂。他们无法理解一个能够创造出整个世界的神，为什么会拥有和人类一样的情感体验，包括喜悦、爱、慷慨、恶毒等，并且有时会对世人遭遇的苦难漠不关心。对此有人说，“这是上帝在检验我们的信仰”，或者“上帝在以一种神秘的方式运作”，但这些说法都不足为信。

正如卡尔·荣格曾经说过，有些问题永远不能解决，只会越变越大。绝对困境就是这样，没有解决方法，因为没有什么要解决。问题不在于自然界或者是上帝的存在，而在于人类存在的生物学源头和人类思想的本质，以及使我们成为生物圈进化巅峰的原因。生活在这个真实世界的最好的办法，是把我们从魔鬼和部落神灵的阴影中解放出来。

14

自由意志

THE MEANING OF HUMAN EXISTENCE

Dose free will exist ?

自由意志存在吗?

14
自由意志

从事人类大脑研究的神经科学家很少会提到“自由意志”。而对哲学家来说，他们大多认为它是一个最好被放到一边，至少可以暂时放到一边的课题。他们大概会说：“我们会在准备充分、时间充裕的时候处理它。”与此同时，他们的目光却落在了前景更光明、设想更现实的科学领域，即意识的生理基础。事实上，自由意志也是其中的一部分。没有一个科学探索对人类来说，比把关于意识思维的幻影看穿更重要。每个人，包括科学家、哲学家和宗教信徒，都会同意神经生物学家吉拉德·艾德曼（Gerald Edelman）所说的，“意识是我们展现人类所有宝贵特质的基础。永久地丧失意识就等同于死亡，哪怕身体依旧存在着生命迹象”。

意识的生理基础不是一个容易理解的问题。人脑由数十亿个神经细胞构成，是宇宙中已知最复杂的系统，无论是在有机物中还是无机物中，每一个神经细胞都会形成突触，并与其他平均一万个神经元相互传递信息，方式是每一个神经元都使用独特膜放电模式形成数字编码，并沿着它自己的轴突路径发射。大脑被编组成了几个功能相异的区域、核心，以及负责不同部位功能的运作中心。这些部分会对激素和脑外产生的感觉刺激以不同方式起反应，而全身的感觉和运动神经元与大脑的信息交流也十分密切，以至于它们几乎可以被视为大脑的一部分。

人类全部遗传基因密码中有 2 万 ~ 2.5 万个基因，其中有一半都以某种方式参与到了大脑思维系统的指令发布中。这是人类大脑在进化过程中快速发展的结果，人脑也是进化速度最快的高等生物器官之一。在长达 300 万年的进化过程中，人脑容量从南方古猿的 600cc 或低于 600cc，到能人的 680cc，又到现代智人的 1 400cc，足足增长了一倍之多。

2 000 多年来，一众哲学家一直在尝试解释意识的概念。当然，这也是他们的工作。然而，由于他们对生物学一无所知，所以并没有取得什么进展。事实上，我认为哲学的历史就是由大多失败的大脑模型组成的，这一说法并不苛刻。现代的一些神经哲学家，诸如帕特丽夏·丘奇兰德（Patricia Churchland）和丹尼尔·丹尼特（Daniel Dennett）[①]，在解释已经获得的神经科

① 牛津大学哲学博士，塔夫茨大学哲学教授，其讲述认知与思维工具的著作《直觉泵》中简体字版已由湛庐文化策划，即将由浙江人民出版社出版。——编者注

学发现上取得了相当的成就，例如他们让别人了解到，人类的道德意识和理性思考其实只具有次要的地位。而那些具有后结构主义倾向的人则更加保守，他们认为这些脑科学家的研究把问题简单化了，过分强调客观化，从而无法真的解释清楚意识的核心。这些人认为，在意识具有物质基础的前提下，意识的主观性也无法通过科学方法获取。为了证明这些观点，这些又被称为神秘主义者（mysterian）的哲学家谈到了“质感”（qualia），即我们在受到感官刺激时所体验到的微妙的、无法用语言表达的感觉。例如，我们能够从物理特性上辨认出“红色”，但什么才是关于“红”的更深层的感知呢？这种感受也无法通过科学的探究获知。在颜色方面尚且如此，如此抽象不可捉摸的意识或灵魂，又怎么能通过科学方法认识呢？

这些持怀疑态度的哲学家采用的做法是从总体到部分，向内自省。他们会先探讨人们如何思考，然后提出解释，抑或找到无法解释的原因。他们也会描述现象，提供发人深省的例子。他们得出的结论是，我们的意识中有某种东西与一般现实存在根本性的不同。无论这种不同是什么，都最好留给哲学家和诗人讨论。

神经科学家则不这么看。与前面从总体到部分的过程相反，他们严格地进行着从细节到全局的探究工作。他们对这项工作的难度有着清晰地认识，就像登山一样，不是一步就能做到的。他们也同意达尔文的说法，人类的意识是一座不能被正面攻下的城堡。因此，他们会沿着城墙展开多重探测，零星地在各处打开缺口，伺机寻找突破口进入城堡深处，再利用科技的创造性和力量探索一切可以有动作的空间，从而认识人类的意识。

要成为一个神经科学家，你需要对自己有信心。假设意识和自由意志真的存在，有着完整的过程和实体，谁知道它们藏在哪里呢？如果我们足够有耐心，它们会不会像一只毛毛虫变成蝴蝶那样，从海量的数据中浮现？从而让我们像济慈笔下巴尔博亚（Balboa）周围的人马一样目瞪口呆、胡乱猜测？同时，神经科学方面的研究因为与医学方面的密切联系，已经得到了越来越多的资金支持，相关研究项目越来越多，每年的预算总额从几亿到几十亿美金不等，成了科学界的“大科学”（Big Science）。同样的热潮也出现在了癌症研究、航天工程、实验粒子等研究领域。

在我写这本书的时候，神经科学家已经发起了被达尔文认为不可能的直接进攻。他们设想了一个名为“大脑活动图谱”计划（brain activity map，简称 BAM）的尝试，该计划由美国关键政府部门主导，由美国国家卫生研究院和国家科学基金会构想，并与脑科学研究院合作，作为政府政策获得了奥巴马政府的认可。这个项目如果能够成功筹集经费，将具有与在 2003 年完成的、被誉为“生物学登月计划”的“人类基因组计划”同等重要的地位。“大脑活动图谱”计划的目标是绘制每个神经元活动的实时图谱。这项工作所需的大量技术手段还有待开发。

“大脑活动图谱”计划的基本目标是把所有思维过程，包括理性的和感性的思维，意识的、前意识的和潜意识的思维，在时间流逝中静止的和随时间变化的思维，与生理基础联系起来，这并不容易。不管是咬一口柠檬、倒在床上、追忆一位逝去的友人，还是看到夕阳西沉大海，这些片段都包含十分复杂又几乎不可见的大量神经元活动。我们甚至无法想象，更不用说把这一过程作为放电细胞的集合写下来了。

对“大脑活动图谱”计划的质疑在科学家中很普遍，但这并不是什么新鲜事。同样的抵制也发生在“人类基因组计划”，以及许多由美国国家航空航天局主导的空间探索计划上。但有关方面主张推动绘制图谱计划的原因主要在于，这项成果可以用在医疗方面，尤其是了解精神疾病与细胞分子的作用机制上。除此之外，还可以在病人尚未发病之前就发现有害突变。

假设“大脑活动图谱”计划或其他类似的事业取得了成功，它们将如何解决意识和自由意志之谜呢？在神经生物学仍被作为重资科学支持的条件下，我认为谜底会在计划的初期或中期就显现出来，无须等到计划完成。因为我们目前在大脑研究方面已经积累了大量资料，如果能与进化生物学相结合，应该很快就会有结果。

我们认为，有关答案可能会很快出现的理由是，其一，意识是在进化过程中逐步出现的。人类的意识并不是像轻轻按一下开关灯就亮起来那样在短时间内实现的，从史前能人到智人，大脑体积渐进但又迅速的增大表明，意识是与其他复杂的生物系统，如真核细胞、动物的眼睛或者昆虫的集群生活，以相似的方式逐步进化而来的。

通过对正在通向人类意识水平途中的动物物种的研究，追踪通向人类意识的进化轨迹从理论上来说是可行的。老鼠是人类早期展开脑图谱研究的重要模型，我们相信未来也将在此有很多收获。以老鼠为研究对象有很大的技术优势，比如与其他哺乳动物相比，养殖老鼠要便利得多，也有很多以老鼠为对象进行的基因和神经生物学研究。然而，一个更接近实际进化序列的方法是，我们也可以对一些灵长类近亲展开研究，包括更原始一点的狐猴、丛猴，以及更高端的猕猴和黑猩猩。这样的对比研究可以显示出这些非人类物种是在什么时间、以什么顺序进化出了什么样的神经回路与活动。这些研究应该很快就会让我们找到人类独特的神经生物学特性。

认识意识和自由意志的第二种方法是辨别出突生现象（Emergent Phenomena），即那些只有在既有的实体和过程结合时才会产生的实体和过程。目前已有的研究结果显示，这些现象将出现在感觉系统和大脑的不同部分的连接和同步活动中。

此外，我们可以把神经系统想象成一个组织严密的“超级生物体”，是一个由细胞和专业分工构成的社会。这也是人体的构成核心，人体主要围绕它扮演一个支持性的角色。如果你愿意的话，在这里可以把蚁后或白蚁和一大群支持它们的工蚁看作一个典型案例。每只工蚁个体都并不聪明，只会出于本能盲目行事。它们就像生来就被规定要遵守一定的程序做事，这个程序会指引工蚁每次专门从事一到两项任务，并随着它们的年龄增长来以特定顺序变更程序，典型变化是从护士变为建筑工和从守卫变为觅食者。

相比之下，所有工蚁集合在一起就显得很聪明，它们会同时处理所有需要完成的任务，通过机动地采取应变措施来应对潜在的致命突发事件，比如流血、饥饿或被敌群攻击。但我们在这里不能把人的神经系统比喻为一圈蚂蚁，早在道格拉斯·霍夫施塔特（Douglas Hofstadter）1979 年的经典著作《哥德尔、艾舍尔、巴赫：集异璧之大成》(*Godel, Escher, Bach: An Eternal Golden Braid*) 发表以来，类似的主题就已经成为严肃文学作品讨论的内容。

我保持乐观的第三个原因是，人类感官的感知范围非常狭窄。我们的眼睛、鼻子和其他感官非常有限，但常给我们造成一种错觉，认为自己在空间和时间上几乎能觉察到周围的一切。然而就像之前讲过的，我们实际上只能觉察到时空中非常少的一部分，对我们置身其中的能量场更是所知甚少。我们的意识其实只是我们在时空中所能感知到的碎片化的感觉的交叉，它使我们能够了解周围世界中与我们的生存关系最紧密的事件，或者更准确地说，是我们的祖先进化而来的那个真实世界。如果科学家们能够了解人们的感官所接受的、有限的信息和人类进化的历史，就能够了解意识的一部分，而这方面的研究可能会比我们预计的更容易取得进展。

我持乐观态度的最后一个原因是虚构对于人的必要性。人类的思维是由各种故事构成的。当下的每一个瞬间都有大量真实世界的信息涌入我们的感官。但除了感官本身的局限性外，海量信息的涌入也给大脑造成了负担。为了理解接收到的信息，我们还要回忆之前的事情，以作为理解信息的背景和意义。我们会把过去发生的事情与新接收的信息相联系，并考虑从前的选择，然后设想未来可能发生的种种可能，从而衡量取舍。这一过程还受到我们现有情绪的影响，或抑制或强化。近期有研究显示，我们的决定是在大脑中无意识的区域做出的，要经过短暂的几秒钟后才会传递到有意识的部分。

有意识的精神生活完全是建立在虚构基础上的，是对过去经历的故事的不断回顾和关于未来可能发生的种种情况的预测。大部分故事在经过我们有限的感官处理之后，都会符合目前现实世界的状况。之所以会产生回忆，有时是为了从中获取乐趣，有时是为了说明某种经验，有时则是为了预测未来。回忆的内容有些会被转化成“抽象的事物”或“隐喻”，以便加快意识运行的速度和效率。

大多意识活动都包含社会互动的成分。我们会被他人的经历和情感回应所吸引。我们玩虚构游戏或真实游戏的基础，就是基于对他人的意图和可能反应的正确理解。要进行如此复杂的活动，就要求我们必须有一个能够存储大量记忆的大脑。而人类为了适应这一状况，在很早之前就进化出了这样的大脑。

如果说意识具有物质基础，那么对自由意志来说是否也是这样？换句话说，在大脑能够产生的任何活动中，有没有什么东西可以脱离大脑运作，从而产生完全“自主”创设的场景和决定呢？答案是自我。那自我是什么呢？它存在于哪里？可以肯定的是，自我不能作为超自然存在独立出现在大脑中。相反，它是我们虚构场景中核心的戏剧性角色，通常都位于舞台中央，不是作为参与者参与其中，就是作为观察者和解说员，因为那里是所有感觉信息到达和整合的地方。构成意识思维的故事离不开集编剧、导演和演员于一身的肉体神经生物系统。尽管那些场景创造了关于自我独立性的错觉，但它也是人体解剖和生理构造的一部分。

我们解释意识的能力是有限的。假设一个神经科学家以某种方式详细地获知了一个人大脑中的所有加工过程，那么就能说明他可以解释这个特定个体的思维了吗？不，还差得很远。因为这还需要找出大脑存储的大量特定记忆，既包括能够即刻回忆的形象和事件，也包括其他被深埋在无意识中的记忆。要完成这样一项浩大的工程是非常困难的，即使能够做到，也会对原有的记忆和响应记忆的情感中枢产生影响，从而产生一种全新的心智。

除此之外，还包括机遇的成分。身体和大脑由众多相互联系的细胞组成，它们还会产生很多人类无法理解的变化。这些细胞每一刻都会遭到很多人类智慧无法预测的外来刺激的轰炸，这些事件中的任何一条都可能导致局部神经模式的一系列变化，而被它们改变的个体心理情境几乎是事无巨细。个人心智的内容也是变动的，每分每秒都会随着独特的个人成长史和生理机能发生变化。

由于个人思维无法被其自身或者任何个体研究者充分描述，所以，作为意识情境中的明星演员，自我可以继续热情地相信它的独立性和自由意志，而这是一种非常幸运的达尔文主义的情况。对自由意志的信心是具有生物适应性的，如果没有它，意识思维就如同被宿命论诅咒的一个真实世界里易碎、漆黑的窗口。它会像一个被剥夺探索自由而渴望惊喜的，被终生监禁的孤独囚犯一样持续恶化。

所以，自由意志存在吗？是的，如果不是，那么在促进人的心理健康、让人能够永续发展方面，意志也有其存在的必要。

THE MEANING OF HUMAN EXISTENCE

第五部分

人类的未来

在科技与科学高度发达的年代，自由被赋予了新的意义。与此同时，就像从童年走入成年，人类既面临着前所未有的无限广阔的选择，同时也面临着更多的风险与责任。

15

在宇宙中孤独并自由着

THE

MEANING OF

HUMAN EXISTENCE

What does the story of our species tell us ?

人类的故事告诉了我们什么?

15
在宇宙中孤独并自由着

人类的故事告诉了我们什么？通过这些故事，我想说明的是，科学可以让叙述变得可视化，而非宗教和意识形态的陈词滥调。我相信,那些足够清晰的证据能告诉我们:人类并不是超自然力量的产物，而是在生物圈数以百万计的物种中，在特定的机遇与条件下产生的。虽然我们期待的事实并非如此，然而没有证据表明有任何神明和超自然力量支配着我们，没有证据证明人能有获得第二次生命的机会，我们也没有被赋予任何命运和目的。

从这个角度来看，我们似乎是完全孤独的。但在我看来，这其实是件好事，因为这意味着我们是完全自由的。只有这样，我们才可以更轻松地辨别出那些将我们分裂、使我们对立的不理智信仰是如何形成的。我们现在面临的选择是早年难以想象的，我们也因此更有力量、有更大的勇气来达成终极目标，即人类的统一。

精准的自我认识是达成这一目标的先决条件。因此，人类存在的意义是什么？首先，我认为人类从原始生物开始进化，一路经过了远古时期、有历史记载的时期，并一直持续到现在，这种进化历程本身就是一部宏伟壮阔的史诗；其次，我认为我们追寻这一问题的答案的另一重目标在于，我们要知道自己在未来将选择成为一个什么样的物种。

要搞清楚人类存在的意义，前提是我们要更好地认识自然科学与人文科学的区别。人文科学的主要探索内容是：研究人类之间的相互关系，以及人类与周围环境之间的关系。除此之外的内容就是自然科学所囊括的范围。人文科学的价值是自给自足的，主要描述的是人类的境况，但没有描述为什么人类会成为现在这样，而非那样。自然科学的内容则要宽广很多，基本包含着人类存在的意义，即人类社会的基本准则、我们在宇宙中的位置以及人类是如何出现的。

人类是进化历程中的一个偶然，是随机突变和自然选择的产物。我们只是早期灵长类动物（原猴类、猴类、猿类和人类）进化历程的一个分支的终端，在这个历程中，还包括数百种经历同样进化过程的其他物种。我们可能差一点就进化成了另一种有着类人猿尺寸大脑的南方古猿，以采摘果实和捕鱼为生，最终也像其他南方古猿一样，难逃灭绝的命运。

在大型动物占据陆地的4亿年间，只有智人进化出了足以创造文明的智慧。与我们基因最相似的近亲大猩猩是普通黑猩猩和倭黑猩猩。在大约600万年前的非洲，人类和大猩猩还曾有过一个共同祖先。大约经过20万个世代之后，经过自然选择的充分筛选，人类的基因发生了一连串改变，古人类因此获得了某些特殊的优势，改变了他们随后的进化方向。

最初，这些优势表现在他们栖居在树上，从而可以自由地运用他们的前肢。后来，他们改变了生活方式，大部分时间都住在了地上。他们从祖先那里遗传得到了容量较大的大脑，开始在地形较为开阔、气候温和的草原上生活。频繁的草原火灾促进了草本植物和灌木的更新与生长。更重要的是，大火使得人类饮食最终得以向熟食转变。在加速进化的过程中，没有毁灭性的气候变化、火山爆发或严重的流感等特殊的环境组合就犹如中了彩票。

到了现在，这些人类祖先的后代已经像上帝一般，他们的子孙后代遍布地球的大部分陆地，对其他地方也造成了相当的影响。我们自诩为整个星球乃至于整个宇宙的主宰，对地球随心所欲地加以破坏。我们还经常谈到有关地球毁灭的事情，比如核战争、气候变化或《圣经》手稿中预言的第二次世界末日。

人类的本性并不邪恶。我们有足够的智慧、善意、慷慨和进取心将地球变为人类和其他生物的天堂，而且有希望在 21 世纪末就实现这个目标，但我们却迟迟没有作为。将一切搁置这么久的根源在于，智人是一种生来就不完美的物种，我们被“旧石器时代的诅咒”（Paleolithic Curse）羁绊良久：数百万年中，人类所具有的适应于原始狩猎采集生活的本能正愈发成为全球城市化和科技生活的阻碍。在部落规模超过一个村子的大小时，我们就既不能施行稳定的经济政策，也无法采用稳定的管理方式。

更有甚者，世界范围内大部分的人类尚处于部落制的奴役之中，他们大都信奉超自然力量，争相服从并以此获得丰厚的资源。我们深陷于部落冲突的恐惧之中。如果部落冲突升华为团队竞赛性质的冲突，那将会是无害且令人愉悦的，但倘若冲突体现为现实世界的种族矛盾、宗教矛盾和意识形态矛盾，那将会带来致命的危险。

除此之外，人类还有很多世代继承下来的偏见。我们常常会以自我为中心，不仅不保护其他生物，还在不断毁坏自然环境。

事实上，我们应该实施新的人口政策，以便使当前的人口密度、空间分布、年龄分布趋于合理。这种想法目前听起来很法西斯，所以仍在被禁止。但我希望在被推迟一代或两代之后就可以实施。

这些机能障碍使得人类世代缺乏远见。我们很少会去关注自己所属部落及国家之外的其他人，甚至连自己的后代也置之不顾，更不会去关心其他物种，除了狗、马以及其他很少已经被驯化奴役的牲口。其实我们对自身的这些问题很清楚，只是大多数时候不愿意承认。

我们的宗教、政治和商业领袖大多都接受人类的存在是某种超自然力量的结果。即使私下里曾经怀疑，他们也没有兴趣与宗教领袖对抗，或不必要地鼓动群众，因为群众正是他们的力量与特权的来源。科学家本可以帮助人们建立关于真实世界的观念，但他们的表现尤其令人失望。他们固执己见，就如同拥有才华的势利小人，只愿偏安于他们经受训练并能获得报酬的狭窄专业中。

当然，人类目前具有的一部分功能缺失是由于全球文明仍处于早期发展阶段，而这一阶段仍将持续下去，但最主要的原因是我们的大脑配置不够精密。正如达尔文所说，这些缺陷是“我们低微出身不可磨灭的印记”，达尔文曾在 1871 年出版的《人类的由来》和 1872 年的《人与动物的情感表达》(*The Expressions of the Emotions in Man and Animals*) 中指出，人类的身体构造与表情和动物之间有着相似性。在那之后，持进化论观点的科学家已经开始研究生物进化在性别差异、儿童智力发育、阶层分化、部落冲突，乃至饮食选择上的影响。

正如我之前提到的那样，人性进化成今天这样，还有一连串更深刻的诱因，即自然选择作用发生的层级。就个人层面的选择来说，自私自利的行为可以给种群和其他种群的竞争带来益处，但通常来说，这种行为会对整个物种带来危害。而群体层级的选择正好相反，群体中的成员具有的合作和利他行为，会使成员个体和其他成员竞争时受损。从整体上来说，这种行为有利于提升整个群体的生存和繁殖概率。一言以蔽之，个体选择会使我们的“罪恶”增殖，群体选择则会让我们的“美德”增殖。最终结果就是，除了遭受精神疾病折磨的人之外，我们每个人都要面对内心的煎熬与挣扎。

自然选择产生的这两种对立层面的选择矛盾，在我们的情感和理智中留下了深刻的、无法抹除的印记。这种矛盾状态并非个体的不正常现象，而是人类自古以来的本质。这样的自我矛盾在老鹰、狐狸或蜘蛛身上就不存在，因为它们的基因决定了它们受到个体选择的作用。蚂蚁也不具备这样的特质，其社会特征完全由群体选择所刻画。

这两种选择力量在人类身上造成的冲突并不是为了给理论物理学家提供一个值得研究的主题，也不仅仅体现为我们内心善恶力量的交织，而是关乎人类生存的生物学特征，我们必须要了解这一点，才能对人类有根本的认识。我们的祖先在早期就曾同时受到这两股力量的影响，所以人类生来就拥有各类情绪反应，包括进取、竞争、愤怒、复仇、欺骗、好奇、冒险、偏好组成群体、勇敢、谦逊、爱国意识、同情心以及爱等。所有人都既有卑微的一面，又有高尚的一面，这两种状态经常频繁切换，有时甚至同时存在。

这种情感的不稳定性是我们应该保持的一种品质，因为这也是人类的本质，是人类创造力的源泉。我们需要从进化和心理学角度理解自己，以期获得更加理性、抵抗力更强的未来。我们必须自律，并永远不应妄想驯化人类的本性。

生物学家创造了一个非常有用的概念，即可承受寄生荷载（tolereble parasite load），指的是生物身上的寄生虫数量虽多，但还没有达到不可忍受的地步。几乎所有动植物物种身上都带有寄生虫，寄生虫是生活在宿主身体表面或者体内的其他物种，多数情况下，寄生虫不会杀死宿主，而是只吃掉宿主身体的一小部分。总结起来就是，寄生虫是只会吃掉猎物的一部分的捕食者。可承受寄生生物进化的结果使得它们可以确保自身的生存和繁衍，同时最大程度减少宿主的痛苦和损失。

一个个体想要完全消灭掉它身上的可承受寄生虫是不明智的。这样做的时间代价太大，并且会对其自身的机能造成破坏。如果你怀疑这个概念，不如试想一下如果想根除此刻正藏在你眉毛根部（大概有 50% 的概率）的螨虫需要花多大的代价，而这些螨虫几乎是要用显微镜才能看见的。此外，你的口水中除了数以百万计的有益细菌外，还有几百万个有害细菌存在。

在社会生活中，人类与生俱来的破坏性可以被看作是寄生在动植物身上的虫子。想要降低它们对人类社会造成的冲击，就相当于在减少可忍受的教条数量。关于这类教条，一个明显的例子就是人类对超自然力量创世的盲目信仰。当然，在今日世界上的大多数地方，想要削弱教条的力量将会很困难，甚至是危险的。这些创世故事既能让信徒信仰宗教，也能让他们拥有比其他教徒更优越的感觉，因而也被很多部落用于巩固政权。

想要破除这些教条的迷信，或许客观详细地检查每一个创世故事，并讲清其已知的历史渊源，会是一个良好的开端。在许多学术领域，这种尝试已经开始了，尽管进行得很慢很谨慎。下一步则是要让每个宗教和派别的领袖，以及神学家公开为他们所信仰的超自然力量与其他信仰进行竞争辩论，然后再分析这些故事是在什么样的自然环境和历史背景下形成的。

在过去的年代，一些拥有特殊信仰的核心信徒会不遗余力地指责这种行为是在亵渎宗教。但在现今这个更加理性的世界，我们大可以反驳那些信徒的指责，控告任何声称自己是代表神的宗教或政治领导人。他们的做法是想要将个体信徒的崇高架设在他无条件服从的信仰之上。最终，我们或许可以在教堂中举办以历史上的耶稣为主题的研讨会，发表穆罕默德的图片也将不会面临生命危险。

如果真的能够实现这种设想，那将会是自由的真正呼喊。对于世界各地存在的各类教条式的政治意识形态，我们也可以采取同样的做法。这些如同宗教信仰一样的意识形态背后的原理总是相同的，先是提出一个理论，然后再给出自上而下的解释，接着再列出一个经过挑选和能够论证这个理论的论据清单。如果我们能够要求那些政治人物和独裁者说明自己提出的假设，并证明他们的核心信仰，他们精心包装的真相就会曝露在大庭广众之下。

大概有一半的美国人信教（1980 年为 44 %，2013 年是 46%），其中大多数是极为虔诚的基督徒，他们都不相信进化论。世界范围内还有一小部分穆斯林也不相信进化论。作为神创论者，他们坚信是上帝或真主创造了人类，而其他的生物则集中产生于数次生物大爆发。尽管目前已有占压倒性数量优势的证据可以证明进化论的存在，从分子到生态系统和地球生态多样性，所有证据环环相扣，论证严密，但他们还是选择视而不见。他们选择性忽视了科学界在田野调查中观察到的各种处于进行时态的进化现象（科学家甚至已经发现了相对应的基因）。

此外，他们也故意忽视科学家在实验室中培育出新物种的事实。更进一步，科学家已经在实验室里创造出了新物种。对于神创论者来说，进化论仍旧是一个未被证明的理论。在一些极端分子眼中，进化论是一个由魔鬼创立的学说，并由达尔文和后来的一些科学家们所传播，以误导人类。当我还是个小男孩的时候，曾经参加过佛罗里达州的福音会教会，那里的人们告诉我，撒旦在世俗世界的宗教化身是极其狡诈而坚决的，他们中的所有人都是骗子，不论男女。不论我听到了什么，都必须捂住耳朵以坚守真理。

神创论并不是一个有事实依据、经过严密的逻辑推演所形成的概念，而是人们为了加入一个宗教团体需要付出的代价。

人们通过信仰想要证明自己信服于某位上神，但事实上，他们所信服的并不是一位神，而是一些自称为神的世俗代言人的凡人。

让整个社会都俯首称臣的代价是巨大的。进化是宇宙的基本进程，不只是发生在有机体内，而是发生在地球上的每个角落、每个层级中。分析进化历程对生物学、医学、微生物学和农学而言都至关重要，甚至于宗教本身的历史如果没有了进化论作为贯穿始终的时间线，那么连宗教本身都将失去意义。对进化论的明确否认是“创世论科学”的一部分，是彻底的谎言，就如同那些捂住自己耳朵的成年人。一个社会如果以这种方式默认成员的信仰，必将走入歧途。

诚然，盲目信仰确实存在一些积极的影响，可以让族群连接更紧密，让部落成员觉得更舒服，也可以促进慈善和遵守规矩的行为。在这些好处面前，人们能够容忍宗教带来的负担。然而，人们渴望宗教信仰的力量并不是出于受到神灵的启发，而是受到群体力量的吸引。人们生来就渴望被某一群体接纳。为群体成员谋求福祉、守卫群体栖息地是人类的生物本性。当然，在那些没有宗教信仰的社会之外，个体会很容易改变宗教信仰，即使选择与异教徒结婚，甚至完全抛弃宗教信仰，也不会背负道德上的罪恶感，更不会丧失思考能力。

人类文化之所以无法获得提升，除了宗教的原因之外，也受到很多传统的、老旧观念的影响。这些观念大都听上去很合理，也很崇高，但其实已经落伍。其中最重要的一条是：自然科学与人文科学两大领域是互不关联的，有人甚至认为它们分得越开越好。

我在前面曾经提到过，随着科学知识和技术的指数级增长，每个人所获得的学科知识每过 20 年就会翻一番，而知识的增长率也会不可避免地出现下降。科学家们做出原创性发现的速度也将降低。未来 10 年中，科学知识的总量也将远多于现在，但它们在世界范围内都是一样的，没有差别的。人文科学却与此相反，它的发展方向是丰富而多元化的。如果说人类是有灵魂的，那么必将存在于人文科学领域。

然而，人文科学领域的发展，包括创造性艺术及其学术评论，还尚在被人类的感官世界所阻碍。因为人类感官所能感觉和观察到的事物是极其有限的，也缺乏基本的自觉。我们最初只是在听在看，对于这个存在着其他千百万个物种的世界一无所知。例如，一些动物是用电场和磁场来辨别方向和交流的，但我们即使身处其中也浑然不觉。甚至就视觉和听觉而言，我们的水平也相当于聋哑人，只能直接接收很少一部分的电磁波频段，而无法完全接收到可以穿透土壤、空气和水的压缩波。

这些还只是冰山一角，尽管创造性艺术的细节看上去无穷无尽，但其中真正设计出来的人类原形和本能却很少。引发创造这些东西的全部感情，即使是最强烈的，也非常有限，甚至少于一支齐全的管弦乐队中的乐器数。那些颇有创造力的艺术家和人文科学家大多对于地球上时空的统一性缺少把握，对于太阳系和宇宙其他地方的统一体也所知甚少。在他们眼中，人类是地球上独一无二的物种。这个观点本身并没有错，问题的实质在于，他们很少思考这件事情所代表的意义和形成的原因。

从根本上来说，自然科学和人文科学所表达的是完全不同的。它们所用的术语和方法是不同的，但同时这两者又是互为补充的，而且都是人类大脑的产物。如果我们能将自然科学的探索和分析与人文科学内省的创造力相结合，那么人类的存在将会具有无限的生产力，也会拥有更加耐人寻味的意义。

广义适合度理论的缺陷

解释生物如何发展出利他主义，并形成高级社会组织的遗传理论，在学术界有着举足轻重的地位，同时也饱受争议。在这里，特别附上我们所做的有关广义适合度理论的分析，并阐释为何广义适应度理论应该被社会生物学理论所取代。这篇附录节选自我们之前发表过的一份研究报告，其中删除了原文章中数学分析和参考资料的部分。需要强调的是，原文章在发表之前曾经经过了有关专家的严密审查。

定义

广义适合度理论被定义为：生物体的某个性状能够被遗传下去的概率，是该个体适应环境的程度乘以亲缘系数的总和。有些数学分析报告已明确证明，广义适合度理论是存在缺陷的。

但支持广义适合度理论的科学家宣称，这一理论与自然选择理论一样，具有广泛适用性。为了证明这一点，他们用线性回归法将个体的繁殖成功率分成两个部分，一部分与自我有关，另一部分与他人有关。而在此我们要证明，这种方法无法预测或解释进化过程。最重要的是,线性回归法无法区分“相关”与“因果”，因而他们对于简单情境的解释也是错误的。这一弱点也是整个广义适合度理论的致命缺陷。

很久以来，广义适合度理论一直被公认为解释社会行为如何进化的法则，但在这里，我们要再次证明之前对这一理论的批评的正确性。事实上，广义适合度理论只能解释一小部分进化过程，而非“广泛适用”。

广义适合度理论主张，个体繁殖成功率是个体行动所造成的各种结果的叠加。但对大多数的进化过程或进化情境而言并不是这样。那些支持广义适合度理论的科学家为了回避这个缺陷，采用了线性回归的方法。他们提出，以线性回归法为基础，可以看出广义适合度理论主要的四种功能:（1）可以预测等位基因变异的方向;（2）可以显示基因变异的原因;（3）像自然选择理论一样可以广泛适用;（4）可以提供通用的进化规律。而我们在这里要做的是，重新审视这些说法，质证可以确认它们正确与否的科学依据。事实上，分析导致社会行为改变的基因突变是否会在进化过程中留存下来，与广义适合度理论的内容并不相关。

1946年，汉密尔顿提出了广义适合度理论，主要用来解释繁殖成功率在社会进化过程中的影响。汉密尔顿指出，在一些情况下，繁殖成功率最高的生物能够在进化过程中存活下来。自那以后，有些科学家便将这一概念视为进化的法则，认为生物进化的目的就是尽量提高自身的繁殖成功率。

汉密尔顿提出的广义适合度的定义如下：

> 主要是指个体在繁殖可以存活到成年的后代方面实际表现出的繁殖成功率，是以某种方式先削减再增加之后所得出的结果。此处被减掉的是，所有可能由社会环境所造成的影响，只留下个人在不受该环境的任何影响（无论环境影响是好是坏）之下时表现出来的繁殖成功率，然后再以这个个体对周围其他个体的繁殖成功率所造成的正负影响的分数来加权。这里的分数是指个体和个体所影响的其他个体之间的亲缘关系系数：如果二者的基因完全相同，则此系数为1；若二者为亲兄弟姐妹，则此系数为1/2；若为同父异母或同母异父的兄弟姐妹，则此系数为1/4；若为表

兄弟姐妹或者表兄弟姐妹，则为 1/8。若两者之间几乎没有亲缘关系，则此系数为 0。

现代的广义适合度理论除了使用了不同的亲缘关系系数之外，其余部分都是对汉密尔顿的定义的沿用与继承。

持有广义适合度理论观点的科学家假定，个体的繁殖成功率可以分成由个体行动所导致的几个部分。某一个体的繁殖成功率要减去所有由社会环境所造成的影响。这就意味着，我们必须从广义适合度中减去每一个由其他个体所造成的影响。而后，我们还必须计算该个体如何影响其所在族群中所有其他个体的繁殖成功率。在这些过程中，我们都必须假设，个体繁殖成功率可以用个体行动所造成的诸多影响的叠加来表示。而广义适合度则是这些行动对行动者的影响，加上这些行动对其他个体的影响，再乘以行动者与其他个体之间的亲缘关系。

假定个体行动所造成的诸多影响的叠加是广义适合度理论的关键。但很明显，这并不一定能广泛适用。举例来说，某一个体的繁殖成功率，有可能是其他个体所采取行动的非线性函数。一个个体存活与否，可能必须依靠多个其他个体同时行动。正如蚁后能否成功繁衍后代，可能必须依靠几群各司其职的工蚁彼此分工合作。有些研究已经发现，微生物的合作行为对个体的繁殖成功率所造成的影响是无法进行加和的。整体上看来，我们并不能假定繁殖成功率的影响是可以叠加的，这是显而易见的事实。

广义适合度理论的两种方法

在有关广义适合度理论的相关研究和论文中，主要有两种方法被用来处理有关可叠加性的局限性。其中之一是，只关注那些具有可叠加性的简化模式。比如，汉密尔顿最初提出的广义适合度理论概念就假定，繁殖成功率的影响是可以叠加的。此外，由于他假定基因突变对表现型的影响很小，而且繁殖成功率的高低会随着不同的表现型而相应产生变化，那么繁殖成功率的影响自然具有可叠加性。

马丁·诺瓦克、塔尼卡和爱德华·威尔逊对这种简化模式的数学基础进行了研究。研究结果显示，这个方法除了繁殖成功率影响的可叠加性之外，还需要做一些有限定性的假设，因此只可以用于解释一部分生物的进化过程。在他们的论文发表后，却有 100 多位学者签署了一份共同声明，宣称“广义适合度理论就像自然选择理论一样，可以广泛适用”。鉴于此，我们又该如何解释这个明显的矛盾之处呢？

可以想到的是，上述声明是以广义适合度理论的第二个方法为基础的。而这个方法是以回溯的方式来处理可叠加性问题的。这意味着他们必须一开始就获知进化过程的最终结果，然后再去找出造成这个结果的各种成本与收益的总和，而无论对这些成本与收益的考察是否符合生物实际互动的情况。通过用线性回归法决定成本（C）和收益（B），然后以 BR-C（R 代表亲缘关系的密切程度）的形式，算出基因变异频率的改变。这个方法是汉密尔顿在首次发表广义适合度理论之后提出来的，后来经过改良，成为计算基因变异频率改变的方法。

很多认为广义适合度理论不仅有效且广泛适用的学者，都是以这个线性回归法为基础进行论证的。如有支持者曾宣称，线性回归法使得广义适合度理论不一定需要有可叠加性。此外，还有人认为，这个方法可以预测出进化的方向，并可以用量化的方式，帮助我们理解有亲缘关系的伙伴之间进行社会互动所导致的基因上的改变。

想要评估这个说法的正确性，我们需要质疑的是，在面对进化上的某一特定的改变时，线性回归法能告诉我们什么？有研究显示，有关线性回归法可以预测并解释进化过程的说法并不正确，有关它可以广泛适用的说法也没有意义，更无法评估。基于这些原因，广义适合度理论为进化过程提供了一个放之四海而皆准的通则的说法，本身就是存有缺陷的。事实上，这样的理论根本就不存在。

线性回归无法预测结果

有关线性回归法的各种说辞，我们首先要批驳的是“它可以预测进化方向”的说法。鉴于宣称这一说法的科学家一开始就已经说明，他们所观察的这段时间内等位基因的变异频率所发生的变化，因此，所谓的“预测”只是重述了已经获知的事实，以便让BR-C所得出的值和预设的结果一致而已。基于这些原因，我们认为这一说法是不正确的。

其次，线性回归法也无法预测在不同时期或不同情况下会发生什么情况。只要他们所观察的情境或时间有任何变动，就必须重新解释一开始的数据，并再次使用线性回归法，随之便会产生一个新的结果。

线性回归法是无法预测结果的。除非事先假定一个过程将会如何发展，否则我们就不可能预测结果。在没有任何建模假设的情况下，拥护这一理论的科学家只能以另一种形式来改写已知的数据。

有研究人员已经注意到了线性回归法无法预测结果的事实。在研究大肠杆菌如何合作制造抗药性物质时，有科学家曾经使用了线性回归法。他们得出的结论是:“即使我们已经测量了某个包含制造者与非制造者的体系中的 B 值、C 值和 R 值，但在预测如果改变种群结构或个体的生化个性，会产生什么样的结果时，我们仍然束手无策。”

线性回归法无法解释因果

有关于线性回归法是否具有解释力这个问题，现有的文献似乎在这一点上仍有分歧。有些学者宣称，线性回归法可以解释基因变异频率改变的因果关系，有些则仅宣称，它在概念上提供了有效的帮助。除此之外，以线性回归法所得出的数值通常是以社会行为来表示的，也因此使得这些数值带有一层因果关系的色彩，即便它们并未直接说明其中的关系。

但值得注意的是，“线性回归法可以找出等位基因变异频率改变的原因”的说法不可能正确，因为线性回归法只能确认其相关性，而相关不等于因果。除此之外，由于线性回归法的目标是要找出各种社会行为对繁殖成功率的影响，并将它们叠加起来，使其结果符合已知的数据，因此当各种社会互动行为并不具备可叠加性，或当繁殖成功率的变动是由其他因素导致的时，这种方法就会产生错误的结果。所以，我们在此假设三种情况，并证明在这些情况中如果使用线性回归法，将无法找出基因变异频率改变的确切原因。

第一，基于某些个体“攀龙附凤”的特性，它们会设法寻找繁殖成功率高的个体并与之互动。在我们看来，这类互动对繁殖成功率并没有影响。然而，这种行为会使得“繁殖成功率高低”与“有一个攀龙附凤的伙伴”产生正相关，如果利用线性回归法，就会得出 $B > 0$ 的结果。根据支持广义适合度理论的科学家们的解释，这代表那些攀龙附凤的个体具有合作精神，会帮助它们的伙伴拥有较高的繁殖成功率。事实上，这样的解释无疑是因果倒置，是高繁殖成功率才造成了这些互动，而非这些互动导致了高繁殖成功率。

许多生态系统中都存在攀龙附凤的行为，只是表现的形式各异。正如一只鸟可能会选择加入一对高繁殖成功率的鸟的巢穴，希望有朝一日能够继承这个巢穴。同样的，一只具有社会性行为的黄蜂如果有繁殖成功率很高的亲代，或许会更愿意待在父母的蜂巢中，以便能够继承蜂巢。如果在这些情况下采用线性回归法，将会使人们把那些纯粹自利的行为误解为合作行为。

第二，“嫉妒”的特性。怀有嫉妒心的个体会攻击那些具有高繁殖成功率的伙伴，以期降低后者的繁殖成功率。在此过程中，攻击者会因此付出很大的代价，而攻击行为效果并不显著，因此，那些受到攻击的个体，仍然会拥有高于平均值的繁殖成功率。

如果在这种情况下采用线性回归法，就会得出 $B>0$ 且 $C>0$ 的结果，显示那些怀有嫉妒心的个体是付出很高的代价才表现出了合作行为。这样的解释也是错误的，即认为攻击行为是有害的。事实上，攻击行为和繁殖成功率之所以具有正相关，是因为攻击者所选择的互动伙伴有高繁殖成功率，而且它们的攻击行为并没有产生什么效果。

第三，“照顾者”特性。一个具有“照顾”特性的个体会设法寻找那些繁殖成功率低的个体，并不惜代价试图去提高它们的繁殖成功率。但在我们看来，这样的协助效果并不大，因此，那些受到帮助的个体的繁殖成功率仍然低于平均值。这时，如果采用线性回归法，就会得出 $B<0$ 且 $C>0$ 的结果，这表明此个体的繁殖成功率很低是照顾者不惜代价加以破坏的结果。但这样的解读也是错误的。

“没有假设”的方法

就“广义适合度像自然选择理论一样广泛适用”的说法而言，我们也认为其是错误的。这种说法的论点是，由于线性回归法可以应用于任何一种等位基因变异频率改变的情况，无论导致改变的原因为何，所以每一个进化过程都可以用广义适合度理论来解释。

问题在于，正如我们先前看到的那样，线性回归法只能告诉我们“事情就是这样”，既无法预测，也无法解释任何进化情境。当然，或许有某些案例可以用线性回归法得出正确的因果关系；也可能在某些案例中，一个情境所得出的结果大致上也适用于其他情境。然而，线性回归法并未提供任何标准来辨识这些案例。要确定这样的标准，就必须要对线性回归法的基本程序做一些假设。如果没有这些假设，线性回归法所得出的结果就无法回答任何有关该情况的问题。基于此，我认为广义适合度理论可以广泛适用的说法是错误的。

广义适合度理论并不实用，但这并非技术上的疏忽所致，而是有些科学家试图把汉密尔顿最初提出的法则应用到每一个进化过程上。我们可以理解他们这样的想法，因为汉密尔顿最初提出的公式确实很吸引人。然而，一个理论架构的效力主要是来自它所做的假设，而一个没有任何假设的理论自然无法预测或解释任何事情。正如维特根斯坦在他的《逻辑哲学论》中所言，任何适用于所有情况的论述，都不会包含有关特定情况的明确信息。

没有广泛适用的法则

正是因为人们试图在个体进化的层次上解释社会行为进化的原因，所以才催生了广义适合度概念。广义适合度理论想要从工蚁不孕的角度来解释它们之所以存在的原因，其中一些科学家声称，工蚁之所以没有生育后代，反而帮助蚁后抚育孩子，是因为这样可以让它们的广义适合度达到最大值。

他们认为，只有广义适合度程度最高者才能在进化过程中存活下来，而这个法则适用于所有进化过程。这种说法源自汉密尔顿和艾伦·葛瑞芬（Alan Grafen）所分别提出的论点。汉密尔顿认为，为了实现进化，一个种群会尽量提高它的平均广义适合度。艾伦认为，进化的生物所表现出来的行为，可能都是为了提高它们的广义适合度。这两个论点的相同点在于，两者都取决于一些限制性的假设，其中就包括生物行为对繁殖成功率的影响具有可叠加性，但有实验结果已证明，在现实世界的生物种群中，生物行为对繁殖成功率的影响是无法叠加的，因此我们无法期待这个结果可以广泛适用。此外，已经有若干理论和实验显示，取决于变异频率的自然选择过程，可能会导致一些复杂的动态现象，例如多重和混杂的平衡状态、极限环和混沌吸引子等，排除了普遍最大化的可能。一般来说，进化并不会导致广义适合度或任何其他值最大化。

面对进化理论的常识性做法

我们并不需要依靠广泛适用的最大化现象或者法则来了解社会行为的进化过程。相反，我们可以采取一个更直接的方法，即考察那些会改变社会行为的基因突变，搞清楚它们会在哪些情况下被大自然所选择或者淘汰。自然选择的对象并非生物个体，而是影响行为的等位基因或基因组合。

要从理论层面探讨这些问题，我们需要做一些建模假设。假设可以非常明确，只适用于特定的生物情境，也可以很广泛，适用于各种情境。最近已经出现了一些根据笼统但明确的假设所发展出的建模框架，这些工具很强大，可供我们研究不同空间、不同生理构造的种群的进化，连续性状的进化以及广义适合度理论本身。尽管我们可以用这些架构来获得普遍性的结果，但其中没有一个是可以广泛适用或不含任何假设的。这些架构要依靠它们的假设来针对各自所适用的体系做出定义清楚、可验证的预测。

讨论

广义适合度理论试图为个体层面的进化找到一个广泛适用的法则，但结果却只得出一个无法观测的数值，而且这个数值要么并不存在，要么无法用来预测结果或解释原因。如果我们改从遗传的角度提出问题：那些改变社会行为的等位基因是否会在进化过程中留存下来或遭到淘汰？就不需要用到广义适合度理论了。

几十年来，广义适合度理论风靡学术界，而社会生物学方面的研究迟迟没有进展。那些合理的批评和替代性的方法备受压抑。而该理论的支持者试图以线性回归法规避有关可叠加性的要求，更是造成了逻辑上的混乱。广义适合度理论采用可叠加性的计算方法，固然可以解释少数情境下生物社会行为对其生殖的影响，但这个方法其实是没必要的，往往也太过复杂。可以说，进化生物学上没有任何一个问题非要用广义适合度理论来分析不可。

只有在明确广义适合度理论的局限性之后，社会生物学才有可能继续向前发展，我们希望有人能根据自身拥有的关于进化历史的扎实知识，设计出切实可行的模式，在种群遗传学和进化论的协助下，并辅之以未来可能发展出的新分析方法，这样，我们就有可能会发展出一个强有力、能经得起考验的社会生物学理论。

THE MEANING OF
HUMAN EXISTENCE

译者后记

爱德华·威尔逊是社会生物学的奠基人，在当今生物学界享有至高无上的地位。他一生著述颇丰，文采飞扬，曾凭借《蚂蚁》和《论人的本性》两度问鼎普利策奖，这在科学界十分罕见。能有机会翻译威尔逊的作品，我在荣幸之余，又甚感惶恐。在翻译本书的过程中，我遇到了两大困境，一是威尔逊本人的学术观点带来的争议；二是困惑于如何完美地呈现威尔逊精湛大气的语言风格。

作为“社会生物学之父”，威尔逊因其对蚂蚁的研究而声名远播。他从 6 岁开始“与蚂蚁做朋友”，如今年过八旬的他只要遇到蚂蚁，仍旧像孩提时代那样一片痴心。作为“知识大融通”的提出者与践行者，威尔逊的研究涉及分子遗传学、生态学、人类学、认知神经科学等多个学科，晚年的他更是致力于打破学科壁垒，回答自己提出的“生物学最大的未解之谜”，即为什么生命历史上会有那么二三十种生物达成了伟大突破，建立起了高度复杂的社会形态。

《人类存在的意义》是继《半个地球》之后，威尔逊回答这一终极问题的又一尝试。一般来说，由于涉及价值判断，所以探寻人类存在的意义是哲学的研究范畴。但威尔逊却一反传统，根据自己捍卫的群体选择理论，从生物学角度对这一问题进行了反思。自从20世纪70年代威尔逊创建社会生物学以来，在将近半个世纪的时间里，他一直坚强地、甚至孤独地捍卫着群体选择理论。在与理查德·道金斯为代表的个体选择学派的论战过程中，威尔逊给出了"人类存在的意义"这一问题的答案。除此之外，在这本书中，威尔逊还提出了他关于人性、自由意志、科学与人文的关系等哲学问题的思考。

"存在的意义是什么"曾经是我整个青春期最为困惑的谜题，为此我翻阅了国家图书馆各个门类的书籍，执着地带着这个问题采访过文学家、语言学家、神父以及身边众多年长的智者。带着这个问题，我迈进了心理学这个不曾熟悉的领域，从认知科学专业入门，开启了我的博士生涯。在英国攻读博士学位期间，我也曾经问过我的导师们同样的问题，但是腼腆的英国人在被严肃地问到这个问题时，反而会感到有些尴尬。道格拉斯·亚当斯（Douglas Adams）的科幻小说中描写的

“生命的意义 =42”可能就是一个最诙谐同时又不失礼貌的答案吧。

在本书翻译的过程中，对于能够重新审视这个问题，我感到非常幸运。就像道格拉斯·亚当斯为我们营造的科幻世界中穿插的人生故事一样，威尔逊也把我们带入了一个特殊的视角，让我们在宇宙一隅思考自己和这个世界的关系。有时，我也会跳出威尔逊的思维方式，给出自己的答案。我相信，每一位读者在阅读本书的时候，都会思考这一问题，并且揣摩答案背后或喜悦、或震惊的各种体验。

最后，感谢湛庐文化引进这本著作。感谢魏薇老师、沈序同学以及商文佳同学、马秋晨同学、蔡祺玥同学、于馨同学在不同时段参与了本书的部分翻译。我们都是喜欢这本书的人，以至于这本书几乎被我们翻译了两遍，最后编辑可以大方地定夺选用哪个版本的哪一句话。对于这本书而言，成果是大家的，而如书中翻译有不当之处，还敬请各位读者谅解。

钱静

2017 年秋于清华园

未来，属于终身学习者

我这辈子遇到的聪明人（来自各行各业的聪明人）没有不每天阅读的——没有，一个都没有。巴菲特读书之多，我读书之多，可能会让你感到吃惊。孩子们都笑话我。他们觉得我是一本长了两条腿的书。

——查理·芒格

互联网改变了信息连接的方式；指数型技术在迅速颠覆着现有的商业世界；人工智能已经开始抢占人类的工作岗位……

未来，到底需要什么样的人才？

改变命运唯一的策略是你要变成终身学习者。未来世界将不再需要单一的技能型人才，而是需要具备完善的知识结构、极强逻辑思考力和高感知力的复合型人才。优秀的人往往通过阅读建立足够强大的抽象思维能力，获得异于众人的思考和整合能力。未来，将属于终身学习者！而阅读必定和终身学习形影不离。

很多人读书，追求的是干货，寻求的是立刻行之有效的解决方案。其实这是一种留在舒适区的阅读方法。在这个充满不确定性的年代，答案不会简单地出现在书里，因为生活根本就没有标准确切的答案，你也不能期望过去的经验能解决未来的问题。

湛庐阅读APP：与最聪明的人共同进化

有人常常把成本支出的焦点放在书价上，把读完一本书当做阅读的终结。其实不然。

时间是读者付出的最大阅读成本
怎么读是读者面临的最大阅读障碍
“读书破万卷”不仅仅在“万”，更重要的是在“破”！

现在，我们构建了全新的“湛庐阅读”APP。它将成为你“破万卷”的新居所。在这里：

- 不用考虑读什么，你可以便捷找到纸书、有声书和各种声音产品；
- 你可以学会怎么读，你将发现集泛读、通读、精读于一体的阅读解决方案；
- 你会与作者、译者、专家、推荐人和阅读教练相遇，他们是优质思想的发源地；
- 你会与优秀的读者和终身学习者为伍，他们对阅读和学习有着持久的热情和源源不绝的内驱力。

从单一到复合，从知道到精通，从理解到创造，湛庐希望建立一个“与最聪明的人共同进化”的社区，成为人类先进思想交汇的聚集地，共同迎接未来。

与此同时，我们希望能够重新定义你的学习场景，让你随时随地收获有内容、有价值的思想，通过阅读实现终身学习。这是我们的使命和价值。

湛庐阅读APP玩转指南

湛庐阅读APP结构图：

三步玩转湛庐阅读APP：

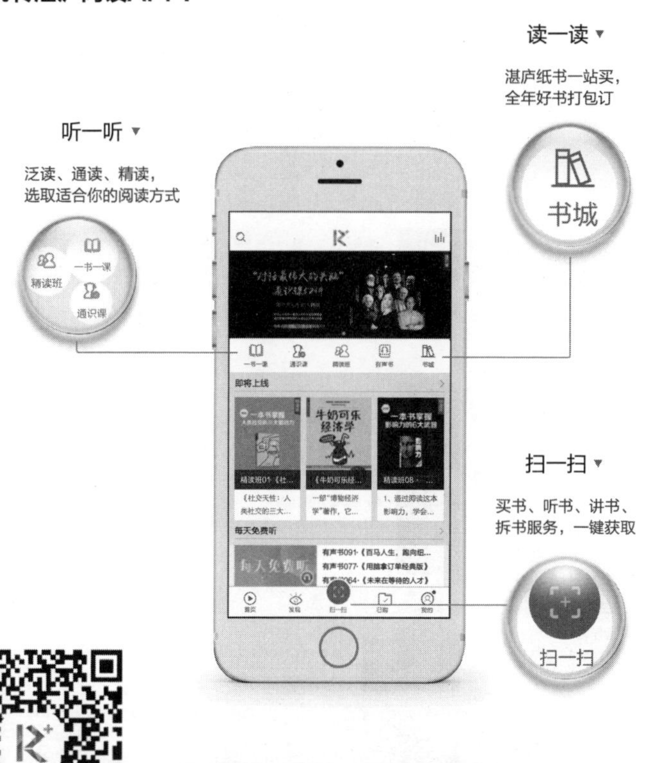

APP获取方式：

安卓用户前往各大应用市场、苹果用户前往APP Store

直接下载"湛庐阅读"APP，与最聪明的人共同进化！

使用APP扫一扫功能，遇见书里书外更大的世界！

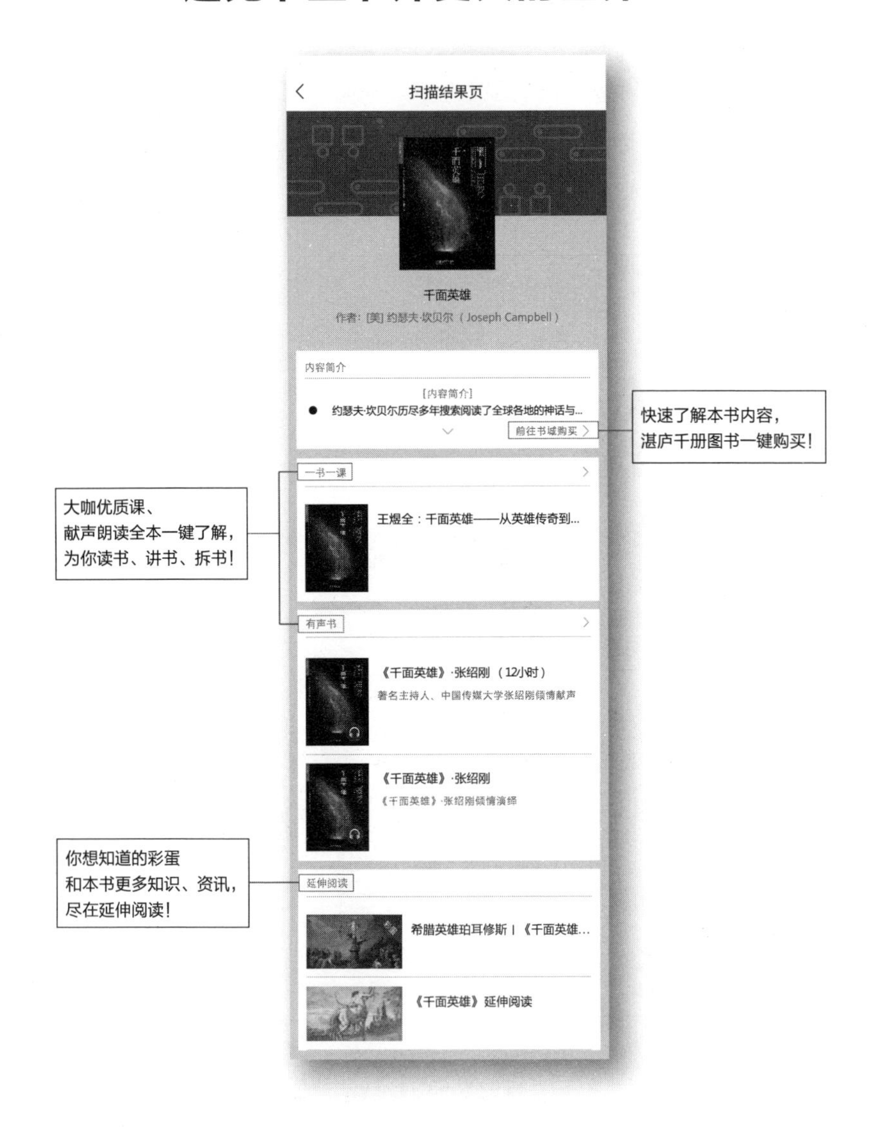

延伸阅读

《上帝的手术刀》

◎ 雨果奖得主郝景芳、清华大学教授颜宁倾情作序！雨果奖得主刘慈欣、北京大学教授魏文胜、碳云智能首席科学家李英睿、《癌症·真相》作者菠萝、《八卦医学史》作者烧伤超人阿宝联袂推荐！

◎ 一本细致讲解生物学热门进展的科普力作，一本解读人类未来发展趋势的精妙"小说"。

《人体的故事》

◎ 继《枪炮、病菌与钢铁》和《人类简史》之后，又一本讲述人类进化史的有趣著作！

◎ 这是一部从现代语境出发、回溯人类历史的人体进化简史，一本从进化、健康与疾病的相互关系着手、审视人体命运的权威著作。

◎ 倾听600万年的人体进化简史，了解人体每个部分的进化源头，寻找现代疾病的进化良方！

《半个地球》

◎ "社会生物学与生物多样性之父"、两届普利策奖得主、殿堂级的科学巨星爱德华·威尔逊重磅力作！

◎ 北京大学哲学系教授刘华杰、中国科学院大学教授李大光等倾情推荐！

◎ 警示全球物种灭绝的悲剧，探寻地球发展的出路与未来！

《道金斯传》（上、下）

◎ 牛津大学教授，英国皇家科学院院士，有"达尔文的斗犬"之称的进化生物学家，"无神论四大骑士"之一，"第三种文化"推动者理查德·道金斯亲笔自传，讲述一个进化生物学家的养成之路。独家提供150余幅全彩珍贵照片，全景展示个人生活！

◎ 北京大学国际发展研究院经济学教授汪丁丁，北京大学心理学系教授周晓林，知名语言学家和认知心理学家、畅销书《语言本能》《心智探奇》作者史蒂芬·平克及其妻子哲学家丽贝卡·戈尔茨坦、美国投资家、沃伦·巴菲特黄金搭档查理·芒格联袂推荐。

图书在版编目（CIP）数据

人类存在的意义 /（美）威尔逊著；钱静，魏薇译 . — 杭州：浙江人民出版社，2018. 1

ISBN 978-7-213-08436-2

Ⅰ. ①人… Ⅱ. ①威… ②钱… ③魏… Ⅲ. ①人类学 – 研究 Ⅳ. ① Q98

中国版本图书馆 CIP 数据核字（2017）第 258801 号

上架指导：社会科学 / 科普读物

人类存在的意义

[美] 爱德华·威尔逊 著

钱静 魏薇 译

出版发行：浙江人民出版社（杭州体育场路 347 号 邮编 310006）
市场部电话：（0571）85061682 85176516
集团网址：浙江出版联合集团 http://www.zjcb.com
责任编辑：方 程
责任校对：姚建国
印 刷：河北鹏润印刷有限公司
开 本：880mm × 1230mm 1/32 印 张：7.125
字 数：117 千字 插 页：3
版 次：2018 年 1 月第 1 版 印 次：2018 年 4 月第 2 次印刷
书 号：ISBN 978-7-213-08436-2
定 价：69.90 元